西安石油大学优秀学术著作出版基金资助

西北地区景观格局与未来多情景用地模拟

赵益祯　张晓栋　著

中国石化出版社
·北京·

图书在版编目(CIP)数据

西北地区景观格局与未来多情景用地模拟 / 赵益祯，
张晓栋著. -- 北京 : 中国石化出版社, 2025. 9 -- ISBN
978-7-5114-8155-9
Ⅰ. F299.274
中国国家版本馆 CIP 数据核字第 2025926ZR7 号

中国石化出版社出版发行
地址:北京市东城区安定门外大街 58 号
邮编:100011 电话:(010)57512442
http://www. sinopec-press. com
E-mail:press@ sinopec. com
北京艾普海德印刷有限公司印刷
全国各地新华书店经销
*
710 毫米×1000 毫米 16 开本 6. 5 印张 158 千字
2025 年 9 月第 1 版 2025 年 9 月第 1 次印刷
定价:62. 00 元

前　言

土地利用格局的演变规律，恰似一部无声却有力的城市发展编年史，它支撑着土地利用合理布局的架构，更是开启科学规划大门的钥匙。宝鸡市作为西北地区极具代表性的城市样本，其土地利用在1980—2020年这段跨度长达40年的时间长河里，经历了复杂而深刻的变迁，每一处变化都承载着时代发展的印记。本书以宝鸡市为例，借由对宝鸡市的深入探究，层层分析其土地利用发展的历史过程，精准模拟未来发展的方向，以点带面，为城市规划者提供详实且可靠的参考，助力国土资源管理者在资源调配与管理中做出更科学的决策，进而推动宝鸡市乃至整个西北地区迈向可持续发展的光明未来。

宝鸡市地处关中平原西部核心区域，作为关中-天水经济区副中心城市，既是区域经济联动枢纽，也是融合山地、平原、河谷等多元地貌的典型样本。市域由北至南地貌梯度显著，北部千山山脉形成生态屏障，中部渭河平原孕育集约型农业与城镇用地，南部秦岭山地留存广袤森林生态空间。这种地貌差异催生耕地、林地、建设用地等多元土地利用类型，呈现明显的空间分异特征。作为典型内陆城市，宝鸡市在城镇化进程中面临的生态保护与开发矛盾、资源配置难题，具有广泛区域代表性。探究宝鸡市土地利用演变规律与生态响应机制，既可为当地国土规划、生态修复提供科学依据，也能为中西部同类城市破解发展约束、实现高质量发展提供实践范例与理论参考。

本书共七章。第一章介绍了土地利用变化的研究方向；第二章阐述了区域概况和数据来源，数据主要包括自然要素数据和社会经济数据；第三章定量探讨了宝鸡市土地利用演变的时空分异特征；第四章分析了宝鸡市景观格局动态；第五章基于移动窗口分析方法对宝鸡市土地利用冲突进行分级；第六章采用斑块生成土地利用模拟模型模拟宝鸡市土地利用冲突特点；第七章探讨了宝鸡市用地时空变迁、冲突特征及区域协同发展未来趋势。

本书主要由赵益祯撰写(撰写字数约15.1万字)，张晓栋主要负责撰写第四章宝鸡市景观格局动态分析部分内容(撰写字数约0.7万字)。作者虽尽力撰写，但书中内容难免存在不妥之处，敬请批评指正。

目　录

第一章

绪　论

第一节 宝鸡市土地利用规划与可持续发展

土地利用有多种分类方法，从要素组成的角度可以分为三类：自然空间、人工空间和人工自然混合空间。土地利用类型作为人类生产和社会经济活动的空间载体，不仅承载着人们的生产、生活和发展需要，也是进行生态文明建设的落脚点。土地利用规划是经济措施、社会发展和生态政策在空间上的具体表现，其目的在于区域的均衡发展和空间的合理布局。总的来说，区域土地利用规划是全国规划体系中的一个重要的组成部分，土地利用规划根据不同空间各自的特点，通过对各类空间活动管控来指引发展方向，统筹和协调各类空间布局，使其达到最优的发展状态。

土地利用结构在一定程度上是规划决策者的认知和水平的直观体现，而规划措施对土地利用的发展方向起到了引导作用。空间规划方法在土地利用发展进程中具有重要的理论支撑作用，但如果规划方法不合理、科学性较差，将会带来一系列负面影响，如过度占用优质农田、城市化进程过快、不合理地开发林地、土地使用权纠纷等，从而造成土地利用和城市发展之间产生冲突。因此，剖析土地利用优化布局首先要分析土地利用格局历史变化，在此基础上，为土地利用的合理规划、促进土地利用结构朝更健康的方向发展提供一定的理论支撑。

生产空间、生活空间和生态空间共同组成了土地利用，土地利用的健康运行和发展不能脱离这三类空间的任何一个，也就是说这三类空间的合理布局对土地利用的可持续发展有着重要影响。对土地利用发展格局进行分析并模拟未来不同情景下的土地利用分布，是对土地利用进行优化的重要基础，也是当前土地利用体系的重要领域。土地利用变化规律及模式、未来用地模拟是土地利用模式探讨的基础，当前的土地利用对未来不同情景下土地利用模拟和冲突分析较少，尤其是西北内陆城市。因此，先要对目前的土地利用规划理论有一个深入的了解，再依据实验分析的结果，对市级的土地利用提供可行的优化建议，以推动土地利用科学发展，以期为其他城市土地利用规划提供参照。

宝鸡市地处我国西北腹地，其高密度的城镇建设和产业聚集区大多位于渭河平原。城市和农村居民点建设区域、高标准的基本农田、生态保护区等在渭河两岸形成竞争关系，致使渭河沿岸位置国土开发矛盾不断加剧，土地开发压力与日俱增。宝鸡市南部山区主要以林地和草地为主，不同区县间发展差异巨大。深入探讨宝鸡市土地利用时空格局、景观特征，并探究其在未来不同情景下的发展模式，模拟未来空间冲突格局，构建新的发展与保护模式，是当前城市发展与渭河流域生态环境保护之间亟待解决的问题。

第二节　宝鸡市困境剖析、时空模拟与区域协同发展

一、土地利用规划困境与破解路径

科学配置土地资源是实现国民经济健康可持续发展的前提和保障，由于空间规划的时空特性，配置理论和方法在实践中面临新的趋势、新的理念和新的问题，土地利用政策也在不断地发展变化。我国面临的用地问题比西方发达国家更加严重、更加复杂，这是因为我国完成工业化早期阶段用时较短，此外，我国人口基数较大，适宜人类生产居住的优质土地有限也加深了我国的人地关系矛盾。尤其是21世纪以后，我国西北地区大城市现代化和工业化程度持续加深，土地利用强度持续增长，耕地和以森林、草地为主的绿地面积进一步减少和建设用地面积的进一步增长产生了强烈的反差。我国土地利用的组成结构、发展格局和未来规划都面临着更严峻的挑战。近年来，土地利用规划科学性、准确性、前瞻性不断提升，在城市化进程中发挥着至关重要的作用。但是，各城市发展程度的差异以及土地利用规划中存在的一些缺陷，使得各城市在发展过程中面临各自不同的问题和矛盾。此外，由于规划注重的是客观因素，难以充分考虑制度和利用空间的不同层次人群，因而规划指引与控制的层面则偏重于宏观，对较小空间利用的具体问题、管控方法、发展目标等方面的思考不足。因此，要深入分析土地利

用格局，必须以典型区域为基础，从小规模区域基础单元的角度出发，进一步分析土地利用格局变化规律，为新一轮的土地利用规划提供依据。宝鸡市位于关中平原城市群，是本书的重点考察对象。

二、时空模拟实例构建与经济区发展赋能

1. 为土地利用时空变化和不同情景下用地模拟提供实例

土地利用发展具有多目标、多尺度、多功能等特性，不同区域的土地利用开发有各自不同的特点。以小尺度城市宝鸡市为例，分析其土地利用发展中存在的问题并提出优化措施，结果是对现有小尺度城市土地利用变化的补充。通过分析空间冲突的类型和发展特征，强调土地利用发展历程中的人文关怀与社会特性；通过模拟未来土地利用冲突，增强土地利用开发的科学性，对西北内陆城市的发展具有良好的指导性和参考作用，也可以丰富土地利用模拟的实例。

2. 为构建关中-天水经济区提供重要的理论基础

宝鸡市是关中-天水经济区城市群重要的节点城市，当前的土地利用发展模式存在城镇扩张和产业升级对高质量耕地、生态用地的掠夺、挤压等矛盾。依据国家、陕西省土地利用规划的统筹和要求，对宝鸡市土地利用发展现状、存在的问题进行了深刻剖析。在关中-天水经济区规划的指导下，提出宝鸡市经济社会发展的新思路，不但可以为宝鸡市土地利用科学发展提供指导，也对关中-天水经济区的建设和发展具有重要的参考价值。

第三节 土地利用时空过程、景观格局与冲突模拟的理论与实践

一、城市化进程对土地利用时空变化的影响

土地利用时空过程分析，即采用地理信息系统（Geographic Information

System，GIS）技术并结合传统调查方法，收集时空连续的土地利用多源时空数据，通过定量计算模型分析土地利用时空分异规律，实现土地利用动态区划。土地利用时空变化过程的分析，主要是通过遥感影像来检测和分析土地利用与土地覆被的变化，从而建立相应的土地利用与土地覆被变化信息库。土地利用时空变化分析不但反映了土地利用具体的时间变化和空间动力学过程，同时也反映了人类生产活动对地表的影响。分析土地利用变化是揭示人与自然相互影响机理的一种行之有效的方法，是自然地理学的基础和热点问题，是地理学开展地球表面综合分析的基础和基石。

土地利用时空变化是近年学界的热点问题，国内外已经有大量的理论成果。然而，在比较分析这些成果时，不同的研究方法和视角可能会导致结论存在一定差异。相关方法也在日趋完善，但仍有许多问题须进一步探讨分析。Barbara Wiatkowska 等分析建设用地增加与人口减少之间的关系，证实了人口持续郊区化的过程。Sofia Scăunas 等指出在社会主义集约城市化政策的影响下，地域演变速度加快，工业用地增加。Hermosilla Palma Katherine 等指出森林面积的扩张主要是因为占据原生植被位置。Muhammad Salem 等分析土地利用率变化的空间趋势并对土地利用率损益情况进行可视化，土地利用变化和城市蔓延过程直接影响了自然资源，尤其是农业用地。Andrea Santos Garcia 等利用陆地卫星影像和社会经济普查数据，指出景观流域的组成和配置，以及土地利用变化过程及结果。刘继来等认为，目前对土地利用分类体系的划分还存在一些不足，因此根据我国土地利用的特点，构建了新的分类和评估方法，以此为理论依据，分析了我国土地利用的分布格局和演变特点。崔家兴等分析三生空间（生产、生活、生态空间）的分布规律及演变特点，并通过对三生空间结构和格局的多维多尺度计量与演化特征进行测算，从而得出三生空间功能类型的时空变化特征。戴文远等指出土地利用变化产生的生态服务价值特点，为区域内城市化发展所需的国土用地和空间规划提供了重要的参考。已有研究多维度切入土地利用时空变化，通过构建理论体系、量化空间格局、评估生态价值，为国土规划与可持续发展提供科学支撑。总体来看，城市化、政策调控及经济利益是土地利用变化的核心驱动力，多源遥感与空间分析技术为量化此类变化提供了有效手段，同时凸显了人类活动与生态保护的矛盾，为区域可持续发展政策制定提供了科学依据。

二、土地利用变化的生态效益演变

土地利用是人类生产活动的物质基础，是区域经济发展的重要载体。目前，景观评估是土地利用变化领域的一个重要方向。景观格局指各景观要素在空间上形成的一系列排列与组合，包括景观要素尺寸、大小、连通性等特征。景观格局与土地利用的时空分布变化密切相关，表现出空间分布、密度、优势度、连通性、聚集性和多样性等特征。景观格局是反映社会经济与自然生态之间关系的重要指标，在一定程度上反映了土地利用布局的合理性。探索土地利用与景观格局演变的互动机制，可以阐明社会发展对自然生态的影响，为区域土地利用规划和生态文明建设提供参考。

景观指数分析是一种定量方法，广泛用于景观形态和特征的评估。城镇的迅猛发展导致了土地利用形态与功能的转型，而这一转变在内陆城市尤为明显。同时景观格局的变化是土地利用转型的突出标志，探究土地利用变化下的景观格局演变对于区域土地利用及生态管理具有重要意义。Katarzyna 等分析褐煤盆地褐煤开采前和 60 多年采矿活动后五类景观特征(表面、形状、边缘、空间分布和多样性)的十个景观指数，矿区景观格局发生了多种变化过程。Dikman 等初步探讨城市化对景观格局变化的影响，指出绿地对生态系统的影响不仅取决于其面积，还取决于其景观格局，首次为印度尼西亚雅加达特大城市的景观格局变化对城市生态系统服务的影响提供定量证据。Claudia 等描述并量化林地景观格局，指出原生林斑块个数和斑块密度增加，平均斑块大小减少，原生林是五类用地类型最分散的类型。Németh 等分析长时序的土地利用类型面积比例和景观格局，指出自然栖息地的破碎化程度增加，斑块数量和边缘密度增加，导致景观多样性增加。Cervelli 等基于景观 GIS 的分析和度量土地利用模式的转变，将景观规划和景观生态学的方法相结合，突出城市、农业和自然区域之间的相互转化。

国内基于遥感数据的景观格局分析，已有比较成熟的知识体系。彭建等采用多种景观指标进行定量计算，指出景观格局总体表现为破碎程度较高，斑块数目增加。佟光臣等对景观生态格局和驱动力机制进行了分析，指出景观破碎化程度增加，格局复杂化和结构不稳定加剧，人口增加、经济发展、地方政策、规划等因素综合影响了景观格局变化。刘吉平等指出斑块密度、周长面积比、景观分离度和香农多样性指数呈现出先升后降的趋势。斑块密度和周长面积比高值区随时间推移由东北方向向西南方向移动，低值区由中心向东移动。阳文锐以专题制图仪(Thematic Mapper，TM)影像为信息源，利用 Fragstas 软件定量计算景观指数，指出北京市市级大尺度和六环内小尺度上的景观空间形态复杂性均表现出增加的趋势。张云彬等分析土地利用变化和景观格局演变趋势，指出建设用地面积持续增加，景观破碎度增加，连通性下降，均匀度降低，破碎斑块增加。

三、土地利用冲突的识别、解析与调控

土地利用冲突是土地利用格局中利益相关者追求不相容利益的结果，反映了利益相关者之间对稀缺土地资源的竞争。其本质是自然土地资源与社会经济发展需求的不协调或不平衡。社会发展的需求增长和生产能力的进步，对有限土地资源产生高度多样化的需求，土地利用冲突的强度越来越强，空间冲突是城乡建设可持续发展的障碍。

土地利用冲突作为一种客观存在的现象，存在于土地利用发展的各个时期，因此成为地理学以及空间规划等学科的热点问题，取得了大量成果。关于土地利用冲突的分析主要集中在土地利用利益分配冲突、城镇扩张和环境保护之间的关系、空间冲突强度等方面。例如，Yahia OmarAdam 等解释了行为主体的社会经济特征，并指出其对土地利用冲突的“威胁”和“损失”的认知之间存在显著相关性。Ilkwon Kim 等指出土地利用冲突不仅要分析人类活动和保护之间的矛盾，也要进一步考虑空间冲突对环境问题和生态系统的影响，并给出平衡空间冲突和生态系统关系的方法。Song Jiang 等通过比较耕地、建设用地和生态用地的竞争力，得出潜在的土地利用冲突时空模式。Lilin Zou 等建立土地利用功能冲突的识别与强度诊断模型，并构建冲突危险指数来表征潜在冲突的可能性，提出了针对冲突

的空间分布、表现形式和规模对应的缓解方法。

随着我国城市化的快速发展，土地资源越来越稀缺。识别和解决土地利用冲突对于合理利用土地资源至关重要。我国正经历着世界上最显著的土地利用变化和最严重的土地利用冲突。土地利用结构的急剧变化导致了生产、生活和生态空间的失衡，进而导致人与自然、生产与生活、不同生态系统之间的矛盾。划定三生空间可以通过合理配置土地资源来满足人类的多样化需求，从而避免或缓解土地利用冲突。因此，了解土地利用冲突及其未来发展趋势，可以为土地利用的合理规划提供科学指导。尽管已经认识到土地利用冲突的重要性和必要性，但对我国来说，仍然缺乏西北内陆城市有效的土地利用冲突实例分析。

已有分析多以大尺度的国家或者流域为对象，对小尺度城市进行空间冲突的分析较少，对关中城市群内部城市探讨不够，对城市化进程较快并且空间冲突不断加剧的内陆城市关注略显不足。此外，现有土地利用冲突的定量分析多以时空变化和驱动力为主，对未来土地利用冲突预测的研究较少，是土地利用冲突领域的重要缺失，因而现有研究难以对土地利用冲突进行全面分析。因此，本书借鉴生态风险评估的概念模型和景观生态学的理论，借助 GIS 空间分析方法实现土地利用冲突的可视化表达，深入阐释分析宝鸡市土地利用冲突演变规律，再利用预测的多情景下的土地利用分布，模拟冲突演变结果。以期为关中城市群副中心宝鸡市城市国土资源合理利用和构建和谐的人地关系提供理论参考。

四、土地利用冲突模拟范式与技术体系

对土地利用冲突进行多情景模拟可以更全面地把握空间冲突。土地利用冲突多情景模拟来自于对土地利用的多情景预测，当前，土地利用多情景模拟主要分为两种模式："自下而上"和"自上而下"。"自下而上"模型主要有元胞自动机(Cellular Automata，CA)、多智能体模型(Agent-Based Model，ABM)、综合土地利用变化模型(Logistic-CA-Markov)等。CA 模型可以利用简单的局部规则来改变元胞状态，以得到大尺度土地利用变化结果。在进行未来城市发展模拟时，CA 模型更注重高程、坡度和起伏度等自然环境因素。但是，其缺点在于不能充

分考虑到土地利用变化过程中的人文因素，例如开发政策、建筑商能力和居民选择等。ABM 的基本单元是智能体(Agent)，该模型可以表达可移动 Agent 的行为准则，Agent 主体之间及其与周边环境之间可以互相影响、互相作用、互相学习，最终得到土地利用预测结果。例如，刘春霖等指出长短期记忆网络(Long-Short Term Memory，LSTM)能够对长时间依赖性的时间距离进行建模，能够充分考虑历史时序土地分类的时间变化特征，因此将 LSTM 与 CA 模型结合可以提高土地利用变化模拟的准确性。陈宝芬等将地理区位和自然因素作为 CA 层转换规则，在微观尺度上模拟自然、社会和经济等因素对城市用地的影响；同时，在 ABM 层中引入地理区位和微观智能体的耦合关系，并考虑各个智能体对环境变化决策的选择意愿。通过结合多时期遥感影像数据分析城市用地情况，以预测城市未来用地模式。Olga 等采用一种综合土地利用变化模型，该模型整合了逻辑回归模型、元胞自动机和马尔可夫链，利用该模型对城市动态发展进行综合分析，该方法有助于对不同的城市发展形式进行时空表征。

由于土地利用的复杂性和多样性，其发展是动态变化的，要对其空间格局进行不断的调整和优化。鉴于土地利用的异质性和使用者之间的分歧，在进行土地利用优化时需要从长远分析。以往采用的“自下而上”方法难以考虑宏观经济因素对土地利用变化的影响，而“自上而下”方法则能够以区域整体社会发展和生态保护为导向，充分考虑其他限制因素。目前，相关预测模型包括小尺度土地利用变化模拟(Conversion of Land Use and its Effects at Small Region Extent，CLUE-S)模型、系统动力学(System Dynamics)模型和斑块生成土地利用变化模拟(Patch-generating Land Use Simulation，Plus)模型等。

对城镇空间的模拟，多采用 PLUS 模型。林素丽等在对未来土地利用进行预测时，将自然资源状况与土地利用规划政策相结合，先利用马尔可夫链预测未来各类用地面积变化情况，再利用 PLUS 模型，在模拟 2030 年自然发展情景下不同地类发展趋势的基础上，将交通因素考虑在内，计算不同的发展情景下的各用地类型面积转移数量和景观格局演变特点。胡丰等先基于 PLUS 模型预测渭河流域 2050 年土地利用状况，再采用 InVEST 模型对 2050 年渭河流域生境质量进行评估，指出区域生境质量水平呈逐年上升趋势但增幅较缓。李琛等利用地扩张分析策略(Land Expansion Analysis Strategy，LEAS)模块得到各用地类型的转移概率，再采用PLUS模型得到2030年不同情景下景观类型空间分布，最后得到不同情景下景观生态风险空间分布特征和变化趋势。王佳楠等利用Markov-PLUS耦合模型，根据城市发展的自然环境以及社会经济条件等驱动因素，再结合限制条件，设置了柴达木盆地北缘的不同发展情景，对2040年土地利用进行数量预测和空间模拟，发现趋势发展情景有利于流域及湖泊湿地系统的保护。

PLUS模型以土地扩张分析策略的规则挖掘框架和基于多类型随机斑块种子的元胞自动机模型(CA based on Multiple Random Seeds，CARS)为基础，能够更加准确地模拟草地、林地等自然用地斑块尺度的变化。相比其他空间预测模型，LEAS简化了模拟过程，同时又保留了支持不同类型或复杂土地利用变化的能力。该模型通过考虑人类活动、地形地貌、自然环境等因素的影响，能够更全面地反映不同地区土地利用变化的趋势和特征，对于土地利用规划和管理具有一定的实用价值。

第二章
区域概况和多源数据采集、处理

第一节 宝鸡市地理、自然与社会经济概况

一、地理区位与行政区划概述

宝鸡市北濒千山，南依秦岭，位于33°35′~35°06′N，106°18′~108°03′E之间。在全国地理位置上，宝鸡位于内陆中心，我国南北方分界线的北部；在行政区划上，则隶属于西北范围。全市辖渭滨区、金台区、陈仓区、凤翔区4个区及岐山县、扶风县、眉县、陇县、千阳县、麟游县、凤县、太白县8个县，宝鸡市政府驻地金台区陈仓大道行政中心。

二、自然地理环境要素解析

地形地貌：宝鸡市地形地貌的主要特征在于南部秦岭群峰和中部渭河平原边界明显。秦岭山脉的主峰海拔通常介于2000~2800m之间，其中太白山位于宝鸡市东南方向，海拔3771.2m，也是我国大陆东部的最高山峰。渭河平原的平均海拔为400m，渭河河床东北方向最低处海拔为345m。宝鸡市城区依渭河平原而建。

水资源：宝鸡市的河网以秦岭为界，分为黄河和长江两大水系。渭河是黄河流域内主要干流，在宝鸡市境内全长206.1km，其主要支流有通关河、小水河、清姜河、石头河、汤峪河、金陵河、千河、漆水河等。长江水系以嘉陵江上游河段为主干，其主要支流有将龙沟、北星沟、安河、石家沟、小峪河等，嘉陵江在宝鸡市境内流长72km。

气候类型：宝鸡市地理位置处于我国大陆中心地带，关中平原的西部。从气候区划上看，属于中纬度暖温带的半湿润气候区。从气候类型上看，属于大陆性季风气候。宝鸡市的冬季一般从十一月中旬开始，到翌年三月下旬结束，气温较

低；夏季则从五月开始，持续到九月底左右，天气炎热潮湿，平均气温在 30℃以上。

土壤资源：宝鸡市的土壤类型受到气候条件、水资源、地形等不同因素综合作用，形成了复杂的土壤环境。宝鸡市可以分为秦岭山脉、关山、渭北黄土高原、渭河谷地等不同区域。土壤类型的复杂性和多样性为多种农业作物的生长创造了优良的环境。

植被：宝鸡市内植被种类十分丰富。森林植被主要分布在秦岭林区、关山林区和千山林区。松、栎混交林是秦岭林区森林植物核心群落，栎类是秦岭、关山低中山地带的主要建群种。随着海拔的上升，秦岭林区依次分布松栎林带、桦木林带、红杉林带、高山灌丛草甸带；关山林区依次分布侧柏林带、栎林带、红桦林带、草甸、灌丛及疏林带；千山林区以刺槐和油松纯林为主。渭北台原和渭河平原以种植粮食、蔬菜、果树、蔬菜和城市绿化植物为主。

土地利用类型：历年用地类型以农业生产用地、林地生态用地和草地生态用地为主，这三种用地类型占宝鸡市面积的 90%以上，其他各用地类型占比较小。

三、社会经济环境发展格局

宝鸡在古时称为陈仓、雍城。2018 年 1 月，国家发展改革委、住房城乡建设部联合印发了《关中平原城市群发展规划》，其中强调积极建设宝鸡全国性综合交通枢纽，以建设宝鸡与其他重要枢纽协同发展的格局。2022 年 2 月，宝鸡市获批设立跨境电子商务综合试验区。依据第七次全国人口普查资料，截至 2020 年 11 月 1 日，宝鸡市常住人口 332.2 万人，不同区县人口数量差异较大，渭滨区常住人口超过 50 万，而太白县常住人口不足 4 万。根据统计数据，宝鸡市 2021 年末国内生产总值(Gross Domestic Product，GDP)为 2548.71 亿元，三次产业结构占比分别为：第一产业 8.5%、第二产业 57.0%、第三产业 34.5%，全年城镇居民人均可支配收入 38741 元，全年农村居民人均可支配收入 15694 元。

第二节 多源数据整合与预处理

一、多源数据采集与整合

采用的数据主要分为自然要素数据和社会经济数据。自然要素数据主要包括土地利用数据、气象数据、水文数据、地形数据；社会经济数据主要包括人口、经济、道路、距离等。

1. 自然要素数据

土地利用数据。使用 1980 年、1990 年、1995 年、2000 年、2005 年、2010 年、2015 年和 2020 年共 8 期土地利用数据，来自中国科学院资源环境科学数据共享平台，分辨率为 30m×30m。

气象数据。采用的气象数据主要包括气温和降水数据两种类型。气温数据来源于国家青藏高原科学数据中心中国 1km 分辨率逐月平均气温数据集(1901—2023 年)，通过 Matlab 软件提取处理原始 . nc 文件的逐月平均气温，计算裁剪得到宝鸡市年平均气温的栅格数据。降水数据来自于中国科学院资源环境科学数据共享平台的栅格共享平台，分辨率为 1000m×1000m。

水文数据。水文数据为 1∶25 万的矢量数据，来源于全国地理信息资源目录服务系统的 1∶25 万全国基础地理数据库。

数字高程模型(Digital Elevation Model，DEM)。使用的 DEM 数据来源于地理空间数据云。

土壤类型数据。来源于中国科学院资源环境科学数据中心的中国土壤类型空间分布数据，该数据为 1000m×1000m 分辨率的栅格数据。

2. 社会经济数据

人口和 GDP 数据。来源于中国科学院资源环境科学数据共享平台的中国人口空间分布公里网格数据集和中国 GDP 空间分布公里网格数据集，该数据集均为 1000m×1000m 分辨率的栅格数据。

道路数据。来源于开放街道图的中国矢量现状道路数据，经裁剪可得宝鸡市铁路、高速公路、其他城市主要道路的数据。

市政府、区县政府位置。市政府、区县政府通过经纬度确定位置，经纬度通过百度地图开发的坐标拾取器获取。

二、多源数据的标准化处理

本书致力于深入探究土地利用变化、景观格局以及未来用地模拟，运算工作主要依托 ArcGIS、Fragstats、PLUS 这三大专业平台开展。ArcGIS 作为功能强大的地理信息系统软件，在数据处理与空间分析方面表现卓越；Fragstats 专注于景观格局指数计算，为解析景观特征提供有力支撑；PLUS 则在用地模拟等方面具备独特优势。这些软件具有强大的数据兼容性，不仅能够高效分析矢量数据，还能妥善处理 tiff、img、ASCII 等多种不同类型的栅格数据。

然而，为确保研究过程中各类分析和计算的准确性与可靠性，在正式开展工作之前，须对不同年份的土地利用数据以及其他栅格数据进行细致的预处理。务必使数据达到分类一致，避免分类差异导致的分析偏差；保证坐标系统相同，实现不同数据在空间位置上的精准匹配；做到数据边界统一，消除边界不一致带来的数据衔接问题，从而为后续研究筑牢坚实的数据基础。

第三章
宝鸡市土地利用演变的时空分异特征

第一节 宝鸡市土地利用分类体系构建

一、三生空间分类体系与区域实践

正如前文所述，三生空间是生产、生活、生态空间的简称。生产空间指人们在生产过程中所处的具体职能场所；生活空间指人们平时活动和生活的主要区域；生态空间指能够维护和改善生态环境并且可以提供生态产品和服务的空间。三生空间的分类方法是我国新时期土地利用开发优化的重要指导思想，以绿色发展之路为导向的生态发展模式、人民至上的生活空间发展方向，已列为城乡发展的导向标。

本书旨在探讨一种小尺度的土地利用功能优化的创新模式。相比于三区空间概念，三生空间划分思想更加强调城乡空间内部的核心作用，并能够更好地反映某地区的空间特征。因此，采用三生空间的概念范畴作为优化模式的理论基础。宝鸡市位于秦岭构造和其他构造相交汇的位置，南北与其他构造衔接，东西呈过渡状。地质构造单元主要包括秦岭褶皱带、渭河断陷带和鄂尔多斯台向斜区。宝鸡市地貌复杂，包括山地、丘陵、平原等不同的地貌类型。各种地理空间要素之间相互作用和相互影响在宝鸡市表现得更为明显。随着宝鸡市经济发展，对生态空间的需求越来越大，导致土地利用出现了一定程度的冲突。因此，研究宝鸡市的三生空间变化规律及优化问题可以为其提供可持续发展的建议，从而促进陕西省乃至全国的可持续发展。

二、三生空间视角下的层级划分与赋值逻辑

进入21世纪后，经济发展对土地资源的需求日益增强，土地利用合理布局是当前区域研究的热点问题。对土地利用进行科学分类是进行空间格局优化的基础，当前我国学者根据不同研究目的对土地利用类型的划分也不尽相同，为了应对国土资源调查需求，依据土地利用划分体系中三生空间的分类方法，并根据宝鸡市当地

实际情况，对研究时段土地利用栅格数据进行合并整理，是为了统计意义上保持一致性。将宝鸡市土地利用划分为三级，包括三个一级类型、八个二级分类，如表 3-1 所示。使用代码 1 表示农业生产用地、2 表示工矿生产用地、3 表示城镇生活用地，依次类推，完成各土地利用类型的重新划分和赋值。这种划分方法按照类型为准则，依据土地作用、规划特征、利用格局和地貌特点等因素进行划分。

表 3-1　宝鸡市土地利用分类

一级类型	二级分类	二级地类具体类型	代码
生产空间	农业生产用地	11 水田、12 旱地	1
	工矿生产用地	53 其他建设用地	2
生活空间	城镇生活用地	51 城镇用地	3
	农村生活用地	52 农村居民点用地	4
生态空间	林地生态用地	21 有林地、22 灌木林地、23 疏林地、24 其他林地	5
	草地生态用地	31 高覆盖度草地、32 中覆盖度草地、33 低覆盖度草地	6
	水域生态用地	41 河渠、42 湖泊、43 水库坑塘、46 滩地	7
	其他生态用地	61 沙地、62 盐碱地、戈壁、65 裸土地、66 裸岩石质地	8

第二节　多维视角下宝鸡市土地利用时空跃迁

一、土地利用空间分布的量化与可视化分析

通过对宝鸡市不同时间段的土地利用栅格数据进行分类合并，得到 1980—2020 年 8 个时间节点的生产空间、生活空间、生态空间分布，如图 3-1 所示，可以直观看出宝鸡市 1980 年、1990 年、1995 年、2000 年、2005 年、2010 年、2015 年、2020 年三生空间变化情况，宝鸡市三生空间分布具有相似性和差异性。从空间上来分析三生用地分布，生态空间分布区域最广，尤其是宝鸡市西南地区。生产空间主要分布在宝鸡市中部渭河平原区域。而生活空间主要分布在市区、各乡镇、各级农村居民点上，总体呈现出零星分布特点，且随着时间的推移，生活空间表现出扩张趋势。

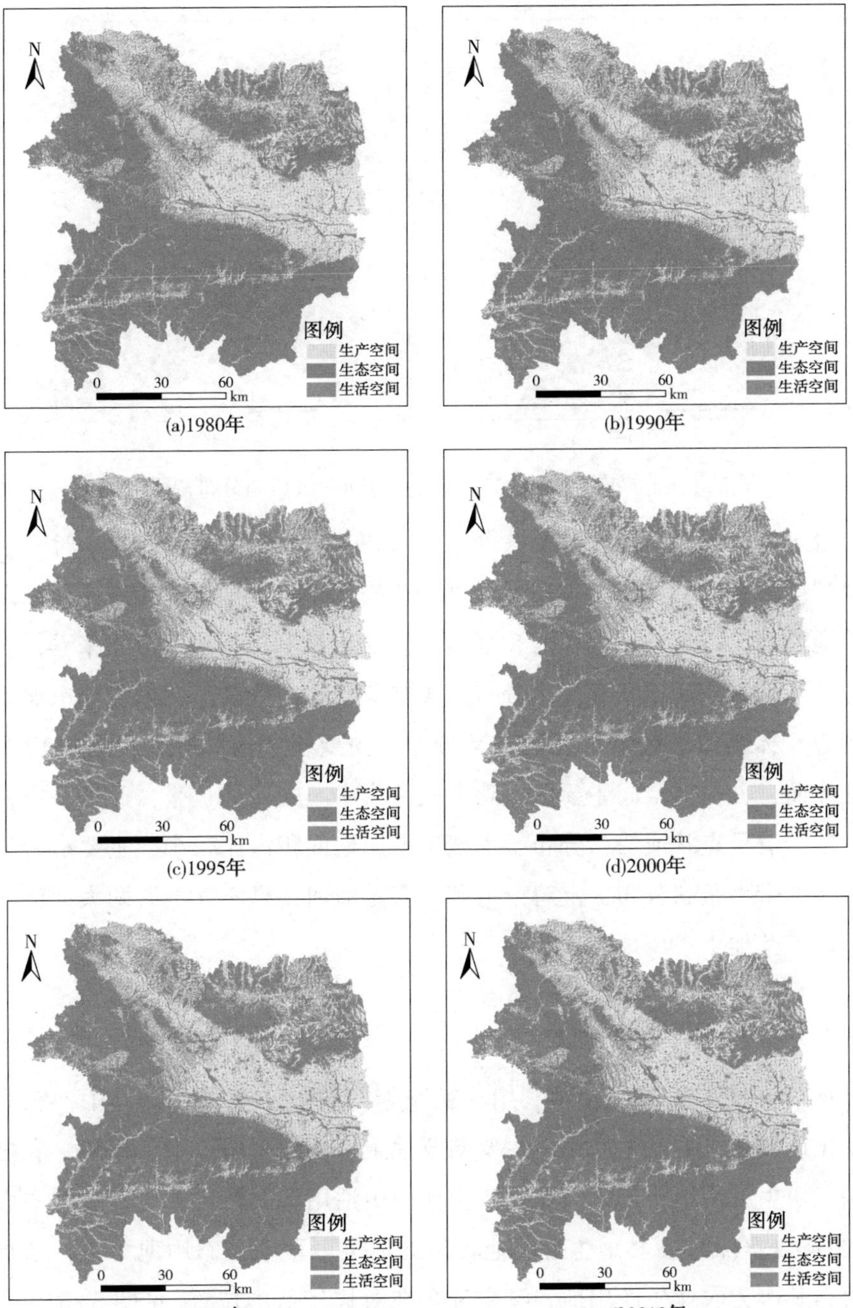

图 3-1　宝鸡市 1980—2020 年三生空间一级格局分布特征

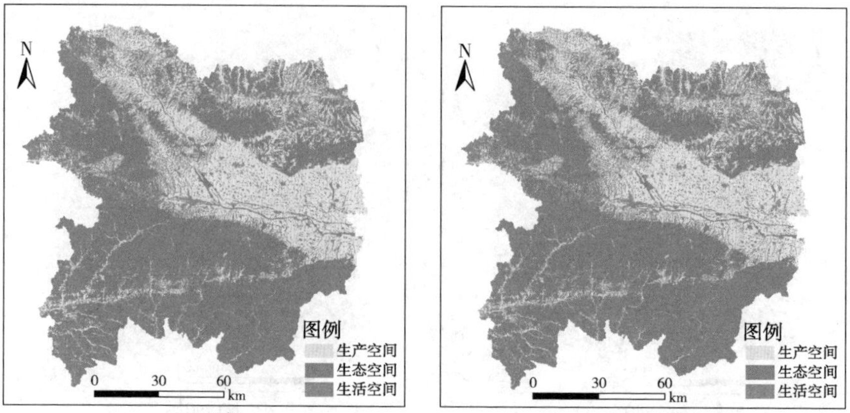

(g)2015年　　(h)2020年

图 3-1　宝鸡市 1980—2020 年三生空间一级格局分布特征(续)

一级土地利用分类较为粗略，绘制了 1980—2020 年宝鸡市 8 个时间节点二级土地利用分布图，如图 3-2 所示。林地生态用地和农业生产用地是研究期间主要的用地类型，占宝鸡市面积的 85%以上。从土地利用格局的分布来看，农业生产用地分布较为广泛，呈碎片化分布，普遍分散在地势较平缓的宝鸡市城镇和居民点周边。林地和草地生态用地交叉分布，主要位于海拔较高的宝鸡市西南山区。总体而言，生活空间主要以宝鸡市城区为中心向四周扩张，此外，农村生活用地沿主干道呈点状或块状分布。水域生态用地面积占比较小，主要沿着区县沟渠、低洼地带呈条状分布，宝鸡市水域主要是渭河、嘉陵江上游两大河流。在研究时段内，其他生态用地占比较小。

二、土地利用转换机制

宝鸡市 1980—2020 年土地利用转换频繁，如图 3-3 所示。其中，农业生产用地变化最显著，农业生产用地主要向草地生态用地、城镇生活用地、农村生活用地和工矿生产用地转化。农业生产用地向生活用地的转化主要集中在中心城区周围[见图 3-3(a)]。林地生态用地转出的地类以草地生态用地为主，分布在林地周边；其次为农业生产用地，零星分布在海拔较低的位置[见图 3-3(e)]。农业生产用地扩张主要来自草地生态用地的转入，扩张集中分布在凤县、岐山县、扶风县、眉县以及陇县山区位置[见图 3-3(f)]。水域生态用地面积的增加和减少主要来自于农业生产用地[见图 3-3(g)]。生活用地以侵占农业生产用地来实现空间扩张。变化区域主要集中在市中心的金台区、渭滨区、陈仓区和凤翔区，景观空间集聚日益明显。此外，其他生态用地变化较小[见图 3-3(h)]。

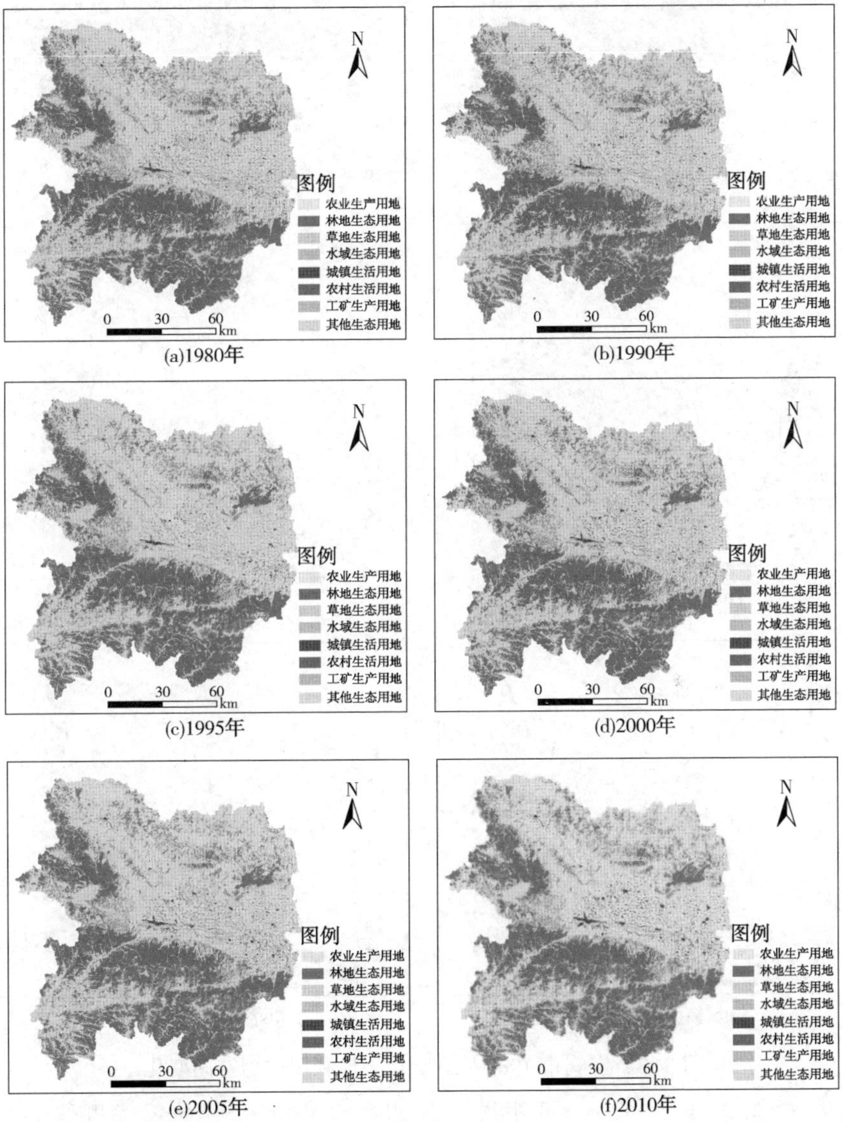

图 3-2 宝鸡市 1980—2020 年二级土地利用格局分布

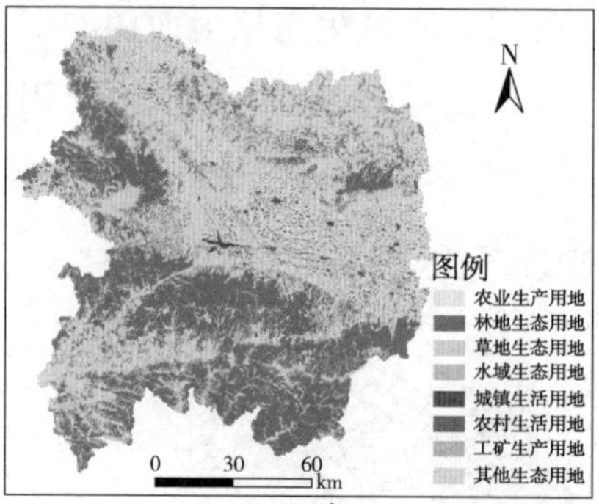

(g)2015年

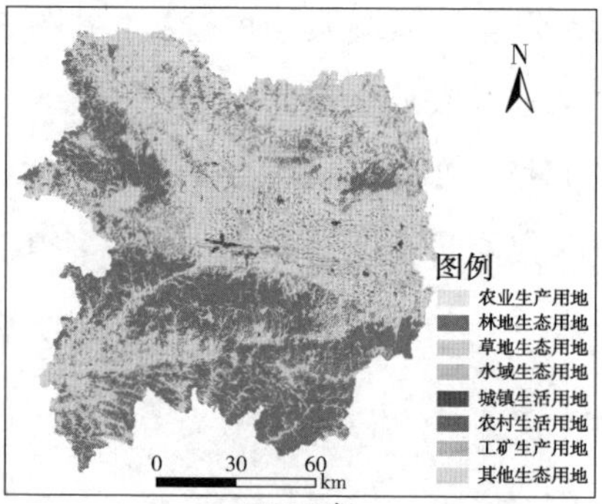

(h)2020年

图 3-2　宝鸡市 1980—2020 年二级土地利用格局分布(续)

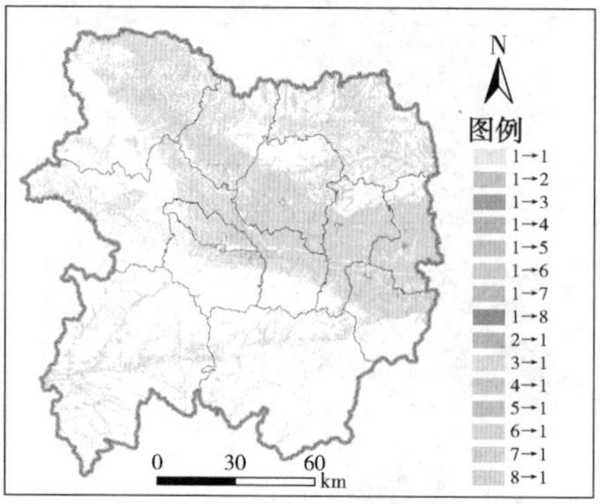

(a)农业生产用地变化

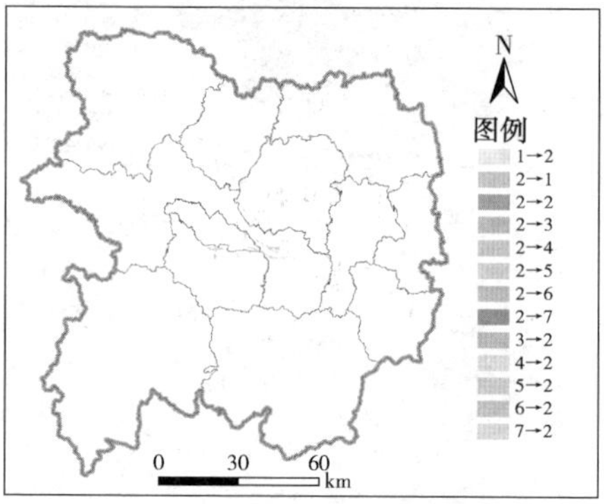

(b)工矿生产用地变化

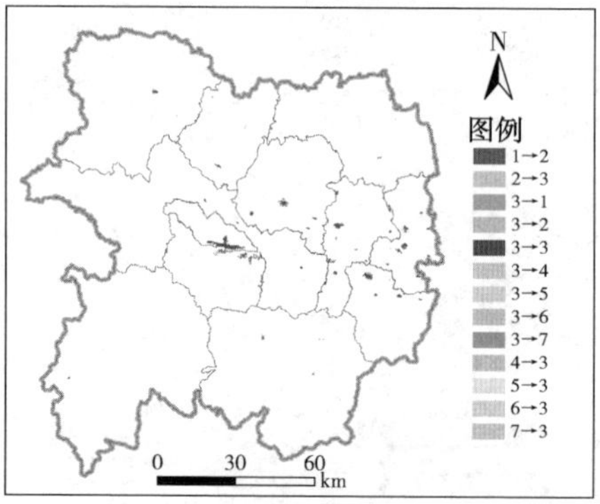

(c)城镇生活用地变化

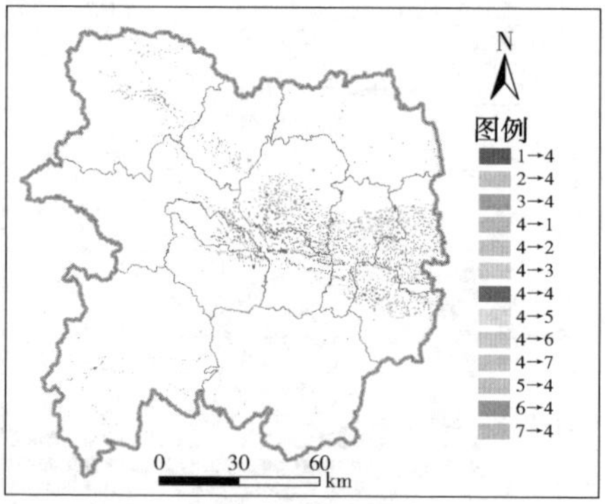

(d)农村生活用地变化

图 3-3　宝鸡市 1980—2020 年土地利用类型空间变化

1、2、3、4、5、6、7、8 分别指农业生产用地、工矿生产用地、城镇生活用地、农村生活用地、林地生态用地、草地生态用地、水域生态用地、其他生态用地

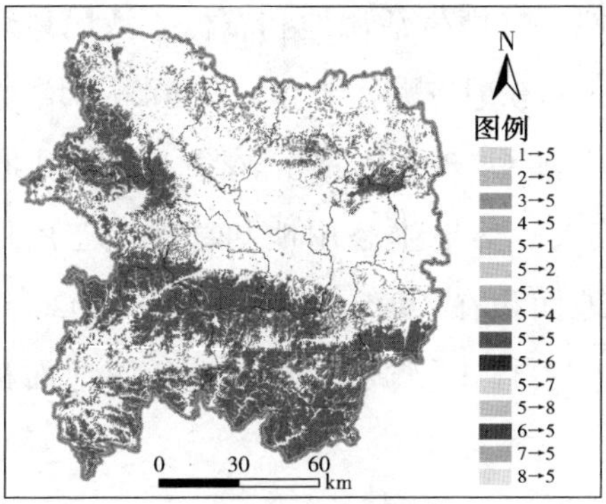

(e)林地生态用地变化

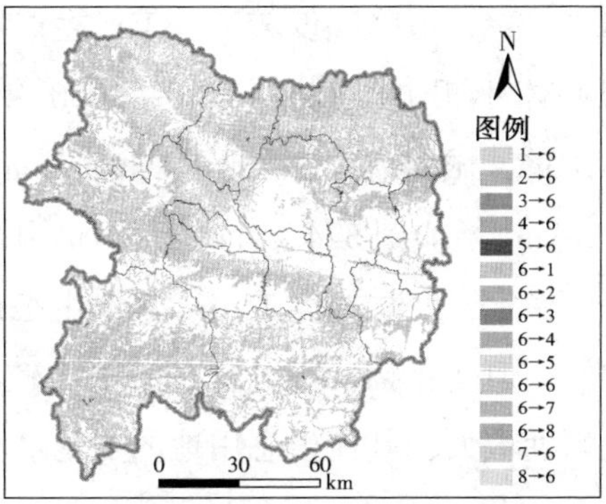

(f)草地生态用地变化

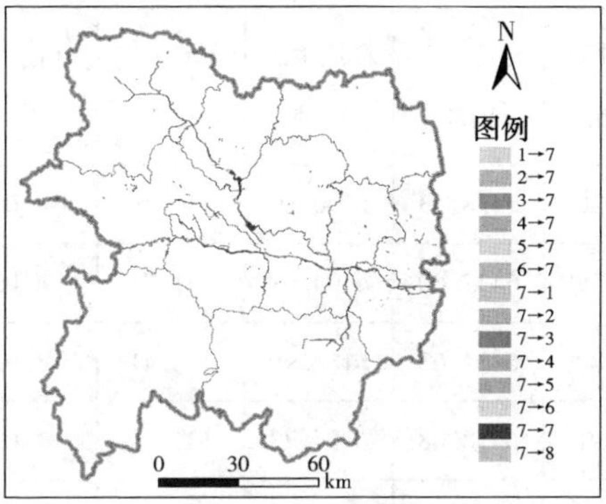

(g)水域生态用地变化

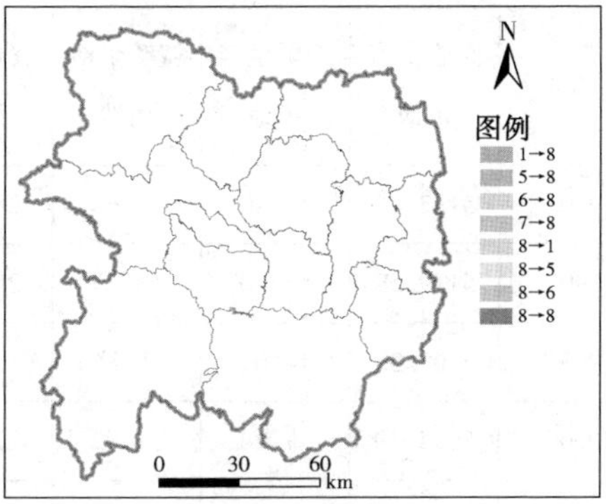

(h)其他生态用地变化

图 3-3　宝鸡市 1980—2020 年土地利用类型空间变化(续)

1、2、3、4、5、6、7、8 分别指农业生产用地、工矿生产用地、城镇生活用地、农村生活用地、林地生态用地、草地生态用地、水域生态用地、其他生态用地

第三节　土地利用演变的量化分析与模式构建

一、各地类面积动态变化与趋势解析

1980—2020 年，宝鸡市土地利用变化明显，如表 3-2 所示。农业生产用地面积仅在 2010 年略微增加，整体从 1980 年的 5132.24km^2 下降到 2020 年的

4915.44km²，下降幅度较大。工矿生产用地、城镇生活用地和农村生活用地均表现出整体上升的趋势，1980—2020 年间工矿生产用地由 16.40km² 增加到 64.31km²，城镇生活用地由 39.65km² 增加到 80.17km²，农村生活用地由 252.20km² 增加到 324.63km²，增加幅度较大。林地生态用地和草地生态用地规模比较稳定，变化幅度较小。其他生态用地面积在 1995 年略有下降，2020 年略有增加，但变化幅度不大，总的占比较小。总体上，城镇/农村生活用地面积的变化幅度最大，其他生态用地的变化最小。

表 3-2　宝鸡市 1980—2020 年土地利用分布面积　　单位：km²

年份	农业生产用地	工矿生产用地	城镇生活用地	农村生活用地	林地生态用地	草地生态用地	水域生态用地	其他生态用地
1980	5132.24	16.40	39.65	252.20	6438.23	6090.80	146.49	4.03
1990	5119.58	16.40	43.47	252.58	6437.60	6104.68	141.71	4.03
1995	5108.35	14.01	38.86	198.83	6434.63	6182.99	138.41	3.96
2000	5097.39	17.74	51.02	275.91	6438.08	6094.73	141.14	4.03
2005	4995.24	18.23	53.53	301.52	6464.80	6137.96	144.73	4.04
2010	5057.07	23.35	71.45	331.38	6514.97	5976.35	141.39	4.10
2015	5054.74	25.32	74.09	334.76	6510.81	5975.08	140.70	4.55
2020	4915.44	64.31	80.17	324.63	6494.01	6089.89	146.76	4.84

二、土地利用转移矩阵构建与演变特征挖掘

转移矩阵反映了相互转换的动态过程信息在某一区域内某一特定时段的开始和结束的类型，并逐渐应用到土地管理领域，称为土地利用转移矩阵。用于深入了解土地利用的演变过程，全面解释不同用地类型之间的相互转换过程。转移矩阵方程组为：

$$S_{ij} = \begin{bmatrix} S_{11} & S_{12} & \cdots & S_{1n} \\ S_{21} & S_{22} & \cdots & S_{2n} \\ \cdots & \cdots & \cdots & \cdots \\ S_{n1} & S_{n2} & \cdots & S_{nn} \end{bmatrix},\ D_i = \sum_{j=1}^{n} S_{ij} - S_{ii},\ D_j = \sum_{j=1}^{n} S_{ij} - S_{jj} \quad (3-1)$$

式中，S_{ij}为用地类型 i 转向类型 j 的面积；D_i 和 D_j 分别为区域内用地类型 i 减少的面积和用地类型 j 增加的面积。

计算 1980—2020 年宝鸡市的土地利用变化情况，如表 3-3 所示，宝鸡市土地利用模式发生了显著变化。主要体现在：农业生产用地和草地生态用地的互相转换、草地和林地生态用地之间的转入转出、农业生产用地转向农村生活用地和林地生态用地，转移面积分别为 238.99km^2、225.23km^2、119.59km^2、99.95km^2、88.73km^2 和 62.93km^2。转出面积最大的用地类型为农业生产用地，达到了 441.31km^2，主要变更为草地生态用地。其次转出面积较大的地类是草地生态用地，也是最主要的转入农业生产用地的地类。在研究期间，农村生活用地面积增加幅度最大。在快速城镇化和乡村振兴的背景下，城乡接合部的农业生产用地和林地生态用地由于建设用地的扩张被占用或征收。

表 3-3　宝鸡市 1980—2020 年土地利用变化矩阵　　　单位：km^2

1980 年	2020 年								
	农业生产用地	工矿生产用地	城镇生活用地	农村生活用地	林地生态用地	草地生态用地	水域生态用地	其他生态用地	总计
农业生产用地	4644.84	42.57	30.83	88.73	62.93	238.99	10.46	0.22	5119.58
工矿生产用地	0.59	15.39	0.02	0.06	0.04	0.13	0.17	—	16.40
城镇生活用地	0.56	0.05	42.14	0.44	0.14	0.13	0.01	—	43.47
农村生活用地	16.73	0.13	3.84	229.86	0.29	1.62	0.11	—	252.58
林地生态用地	23.06	1.63	1.79	0.93	6309.22	99.95	0.55	0.47	6437.60
草地生态用地	225.23	3.81	1.10	4.24	119.59	5745.84	4.59	0.26	6104.68
水域生态用地	4.42	0.72	0.45	0.37	1.64	3.21	130.87	0.03	141.71
其他生态用地	0.01	—	—	—	0.15	0.01	—	3.86	4.03
总计	4915.44	64.31	80.17	324.63	6494.01	6089.89	146.76	4.84	18120.05

注："—"表示没有相关地类转移。

第四节　土地利用转型：面积变迁、地类转换与动态度响应协同解析

土地利用变化过程和趋势可以由总变化、净变化、状态、方向和趋势等量化指标进行描述。状态反映了土地利用变化动态，定义四种状态类型，即平衡状态、准平衡状态、不平衡状态和极度不平衡状态。方向，即用地类型发生了单向或双向过渡。趋势描述了用地类型是否发生了增加或减少的变化。状态、方向和趋势密切相关。

一、单一土地利用变化度下的时空分异特征解析

为了更加清晰地描述宝鸡市三生空间格局的变化特点，可以通过计算其数量结构的变化来进行分析。基于统计数据对不同用地类型的面积进行比较，从而得出不同用地类型在整个研究时间段内的面积变化情况。通过分析宝鸡市各个用地类型的变化度，可以更加准确地描述该区域土地利用的演变情况，揭示其中存在的问题和挑战。

土地利用动态度衡量不同时期不同土地利用类型的数量变化。单一土地利用变化动态度用于反映土地利用变化的范围、速度和动态趋势。其表达式如下所示：

$$K=\frac{U_{\mathrm{b}}-U_{\mathrm{a}}}{U_{\mathrm{a}}}\times\frac{1}{T}\times 100\% \tag{3-2}$$

式中，K 为研究期间某一用地类型相对变化的动态度，%；U_{a}、U_{b} 分别为研究初期和末期某用地类型的面积，km^2。当 T 的周期设置为年时，K 值为区域内某一用地类型的年变化率。应用单一土地利用变化度进行分析，可以反映区域用地类型变化的强度。

宝鸡市 1980—2020 年单一土地利用变化动态度如表 3-4 所示。1980—1990

年、1990—2000年、2000—2010年和2010—2020年这四个时间段，农业生产用地面积一直在减少，动态度绝对值持续增加，2010—2020年减少面积和动态度达到最大，面积减少了141.63km^2，动态度为-0.28%。工矿生产用地和城镇生活用地面积有所增加。工矿生产用地动态度持续增加，在2010—2020年达到最大。城镇生活用地动态度在2010—2020年略有回落。农村生活用地在1980—1990年、1990—2000年、2000—2010年持续增加，在2010—2020年面积有所减少。林地生态用地在1990—2010年有所增加。草地生态用地在2000—2010年有明显减少，在2010—2020年明显回升。总体来看，1980—1990年和1990—2000年动态度均较小。2000—2010年工矿生产用地和城镇生活用地变化度较大。2010—2020年工矿生产用地变化度较大。

表3-4　宝鸡市1980—2020年单一土地利用变化动态度

用地类型	1980—1990年		1990—2000年		2000—2010年		2010—2020年	
	变化量/km^2	动态度/%	变化量/km^2	动态度/%	变化量/km^2	动态度/%	变化量/km^2	动态度/%
农业生产用地	-12.66	-0.02	-22.19	-0.04	-40.32	-0.08	-141.63	-0.28
工矿生产用地	0.00	0.00	1.34	0.82	5.61	3.16	40.96	17.54
城镇生活用地	3.82	0.96	7.55	1.74	20.43	4.00	8.72	1.22
农村生活用地	0.38	0.01	23.33	0.92	55.47	2.01	-6.75	-0.20
林地生态用地	-0.63	0.00	0.47	0.00	76.89	0.12	-20.96	-0.03
草地生态用地	13.88	0.02	-9.95	-0.02	-118.38	-0.19	113.54	0.19
水域生态用地	-4.78	-0.33	-0.57	-0.04	0.25	0.02	5.37	0.38
其他生态用地	0.00	0.00	0.00	0.00	0.07	0.17	0.74	1.81

二、土地利用变化方向性特征与动态演变

方向性是某一用地类型的面积增加或减少过程的表征，可以分为单向过渡和双向过渡。状态反映了土地利用变化动态，定义为四类：平衡状态（某一用地类型流失的面积等于增加的面积）、准平衡状态（增加和减少面积相差较小）、不平

衡状态(土地减少和增加面积相差较大)和极度不平衡状态(增加和减少面积相差非常大)。

趋势是每种土地类型正或负变化的程度。采用指数 P_s 来表征现状和趋势：

$$P_s=\frac{\Delta U_{in}-\Delta U_{out}}{\Delta U_{in}+\Delta U_{out}},\ \Delta U_{in}+\Delta U_{out}\neq 0 \qquad -1\leqslant P_s\leqslant 1 \tag{3-3}$$

当 $0<P_s\leqslant 1$ 表示随着用地类型的扩张，用地类型有增加的趋势。P_s 趋向 0 表示特定用地类型的面积扩张速度较慢，具有双向过渡的特征，属于平衡状态；P_s 趋向 1 表示单向主导转变，这一过程表示该用地类型正在消耗其他用地类型，因此其自身的面积增加。这种土地利用变化被认为是一种不平衡状态。

当 $-1\leqslant P_s<0$ 时，用地类型的变化表现为减少趋势。当 P_s 趋向 0 时，表明用地类型经历了缓慢的缩小，呈现出双向平衡过渡的特征；如果 P_s 趋向 -1，意味着一个单向变化发生，这样的土地利用变化被称为单向的负转换，是极度不平衡的状态。

宝鸡市 1980—2020 年土地利用类型变化的方向和趋势如表 3-5 所示。在这 40 年间，土地利用类型发生了显著变化，宝鸡市土地利用类型呈现双向转变趋势。

表 3-5　宝鸡市 1980—2020 年土地利用类型变化状态

P_s	1980—1990 年	1990—2000 年	2000—2010 年	2010—2020 年
农业生产用地	-0. 28	-0. 36	-0. 07	-0. 27
工矿生产用地	0. 00	0. 97	0. 80	0. 94
城镇生活用地	0. 97	0. 98	0. 90	0. 43
农村生活用地	0. 08	0. 95	0. 63	-0. 12
林地生态用地	-0. 03	0. 05	0. 33	-0. 07
草地生态用地	0. 30	-0. 46	-0. 20	0. 19
水域生态用地	-0. 18	-0. 08	0. 01	0. 25
其他生态用地	0. 00	0. 00	0. 12	0. 53

农业生产用地的 P_s 指数在研究时段均为负，表明该用地类型在这期间面积

均表现出减少的趋势，减少程度较小。工矿生产用地在 1990—2000 年、2000—2010 年和 2010—2020 年的 P_s 指数趋向于 1，该用地类型规模呈增长趋势，处于不平衡的状态。城镇生活用地的 P_s 指数在四个时间段均大于 0，这表明城镇生活用地主要经历单向增加。其中在 1980—1990 年、1990—2000 年和 2000—2010 年非常趋近于 1，扩张速度较快，处于一种极其不平衡的状态。农村生活用地在 1990—2000 年的 P_s 指数趋向于 1，在该时段扩张速度较快。草地生态用地的 P_s 在 1990—2000 年为-0.46，在该时段减少速率最大，且与其他土地利用类型发生双向转换。

第四章
宝鸡市景观格局动态分析

第一节 景观格局分析的关键指标体系

一、类型尺度景观格局的量化表征

1. 斑块密度

斑块密度(PD)指景观单元中所有异质斑块的单位面积斑块数量。PD 值反映单位面积斑块数目。计算结果越大，景观破碎化程度越高。其表达式如下：

$$PD = \frac{N_i}{A} \tag{4-1}$$

式中，N_i 为景观单元 i 中的斑块数；A 为景观单元的面积，km^2。PD 值越高，景观越分散。

2. 边缘密度

边缘密度(ED)指区域内景观类型边缘长度与相应面积的比值，用于描述景观类型在空间上的分布情况。其表达式如下：

$$ED = \frac{E_i}{A} \tag{4-2}$$

式中，E_i 为景观单元 i 中的斑块边缘长度，km；A 为景观单元的面积，km^2。ED 值越高，景观边缘复杂程度越大。

3. 平均形状指数

平均形状指数(SHAPE_MN)用来描述土地利用斑块的平均复杂程度。其表达式如下：

$$SHAPE\_MN = \frac{\sum_{i=1}^{m} \frac{p_{ij}}{2\sqrt{\pi a_{ij}}}}{n_i} \tag{4-3}$$

式中，a_{ij}为土地利用类型 i 中的斑块 j 的面积，km^2；p_{ij}为土地利用类型 i 中的斑

块 j 的周长，km；n_i 为斑块类型 i 的数量。

4. 平均斑块分形指数

平均斑块分形指数(FRAC_MN)是一种表征斑块及其所形成的景观形态、空间分布等特征的重要指标，分形指数是在区域范围内，反映斑块和景观格局的复杂程度。分形指数是对景观单元内一个斑块进行分维分析得到面积基础上的加权平均值，可以作为一种衡量斑块复杂性的指标。其表达式如下：

$$\text{FRAC\_MN} = \frac{\sum_{j=1}^{m} 2\ln \frac{0.25p_{ij}}{\ln a_{ij}}}{n_i} \tag{4-4}$$

式中，a_{ij}为土地利用类型 i 中的斑块 j 的面积，km^2；p_{ij}为土地利用类型 i 中的斑块 j 的周长，km；n_i 为斑块类型 i 的数量。在数据为栅格格式的情况下，该公式中的系数 0.25 是对影响周长估计的偏差的校正。

二、区域尺度景观理论框架

1. 蔓延度指数

蔓延度指数(CONTAG)是用来描述景观类型在空间上的团聚性和延展能力的指标，包含了空间信息。CONTAG 较大，表明景观中的优势斑块类型具有较高的连通性；CONTAG 较小，则表明该景观类型在空间上的连通性较低，景观的破碎化程度较高。其表达式如下：

$$\text{CONTAG} = \left[1 + \frac{\sum_{i=1}^{m}\sum_{k=1}^{m}\left(P_i \frac{g_{ik}}{\sum_{k=1}^{m} g_{ik}}\right)\left(\ln P_i \frac{g_{ik}}{\sum_{k=1}^{m} g_{ik}}\right)}{2\ln m} \right] \times 100 \tag{4-5}$$

式中，P_i 为 i 类型斑块所占的面积百分比；g_{ik}为 i 类型斑块和 k 类型斑块毗邻的数目；m 为景观中的斑块类型总数目。CONTAG 与边缘密度呈负相关，与优势度和多样性指数高度相关。

2. 香农多样性指数

香农多样性指数(SHDI)是一种能够有效地表征景观多样性的生态学指数，

可以用来反映景观异质性，特别是不同斑块之间的不平衡状态。此外，SHDI 也可以作为不同景观类型或同一景观不同时期的多样性或异质性的敏感性指表。其表达式如下：

$$\text{SHDI} = -\sum_{i=1}^{m}(P_i \ln P_i) \tag{4-6}$$

式中，m 为景观中斑块类型的总数；P_i 为斑块类型 i 占整个景观的面积比例。如在一个景观系统中，用地类型越丰富，景观破碎化程度越高，其不确定性越大，所包含的信息量也就越大，求得的 SHDI 值也就越高。

3. 香农均匀度指数

香农均匀度指数(SHEI)是描述景观内部丰富度的指标，它通过各个景观类型在区域内的面积比例以及每种景观类型内部丰富度的信息来计算。具体地，香农均匀度指数越大表示该景观类型内部的丰富度越高。同时，香农均匀度指数还受到景观类型数量和分布格局的影响，因此它可以用来比较不同景观格局多样性水平。其表达式如下：

$$\text{SHEI} = \frac{-\sum_{i=1}^{m}(P_i \ln P_i)}{\ln m} \tag{4-7}$$

式中，m 为景观中斑块类型的总数；P_i 为斑块类型 i 占整个景观的面积比。当 SHEI 为 0 时，表示景观中只存在一种类型；值为 1 时，则表示景观中不同斑块类型所占整体面积比例一致，即不同景观表现出完全均匀的状态。

第二节　宝鸡市景观格局的时空演变特征与多维解析

一、景观破碎化与形态复杂性

利用 Fragstats 4.2 软件从类型和区域两个分析尺度计算了宝鸡市 1980—2020 年的景观格局变化，如图 4-1 所示。利用斑块密度(PD)和边缘密度(ED)分析用地类型斑块破碎程度的变化。PD 反映了景观的破碎化程度和异质性，ED 可以用来描述整个景观斑块边缘形状特点。利用平均形状指数(SHAPE_MN)和平均斑块分形指数(FRAC_MN)分析其空间格局的变化。SHAPE_MN 最适合描述用地类型斑块的宏观形态，FRAC_MN 用来描述用地类型斑块边界的复杂性。

农业生产用地的 PD 是所有土地利用类型中最大的，说明是最支离破碎的斑块[见图 4-1(a)]。另外，农业生产用地 PD 在 2005 年有明显下降，说明其斑块形状不稳定，景观异质性相应增加。相比之下林地生态用地的 PD 较大，且随着时间推移逐渐缓慢增加，意味着林地生态用地的斑块形状在研究期间越来越复杂。草地生态用地的 PD 在研究期间波动明显，呈现出“上升-下降-上升-下降”的趋势。农村生活用地 PD 远大于城镇生活用地，即宝鸡市农村生活用地斑块复杂程度远大于城镇生活用地。工矿生产用地的 PD 较小，这是因为工矿生产用地分布位置多而面积较小。在研究期间，水域生态用地 PD 变化较小。

边缘密度(ED)指某一特定景观类型斑块周长与该斑块面积之比，可以用来反映景观类型的破碎程度。草地生态用地、农业生产用地和林地生态用地的边缘密度大于其他土地利用类型，表明这三种土地利用类型的斑块边缘较为复杂[见图 4-1(b)]。工矿生产用地的 ED 随着时间推移而增加，反映出该土地利用类型边缘形状向不规则转变。农村生活用地和城镇生活用地 ED 随着时间变化增加，在 1995 年有明显减小，这是因为 1995 年生活用地规模显著缩小，致使该土地利用类型边缘密度减小。总体来看，各年份不同土地利用类型边缘密度相对稳定。通过对比 PD 和 ED，可以看出宝鸡市 PD 和 ED 这两个指标整体比较稳定。

以斑块尺度的平均形状指数(SHAPE_MN)表示形状复杂性。宝鸡市 SHAPE_MN 和 FRAC_MN 的变化相似[见图 4-1(c)和图 4-1(d)]。农村生活用地的 SHAPE_MN 和 FRAC_MN 在所有土地利用类型中最小，说明农村生活用地斑块最规则，边界形状简单。草地生态用地和林地生态用地的 FRAC_MN 较稳定，说明相应的用地类型受人类活动影响较小，变化最小。城镇生活用地在 2015 年之前 SHAPE_MN 和 FRAC_MN 相对稳定，该时段宝鸡市城市建设边界比较规则。1980—2005 年其他生态用地的 SHAPE_MN 和 FRAC_MN 在所有土地类型中均最大。2005—2020 年，其他生态用地的 SHAPE_MN 和 FRAC_MN 逐渐减小，2005 年以后，其他生态用地斑块在形态上发生了显著的变化，其边界形状变得更加简单。通过比较 SHAPE_MN 和 FRAC_MN 可以发现，两种指标在各土地类型中的变化趋势是类似的。

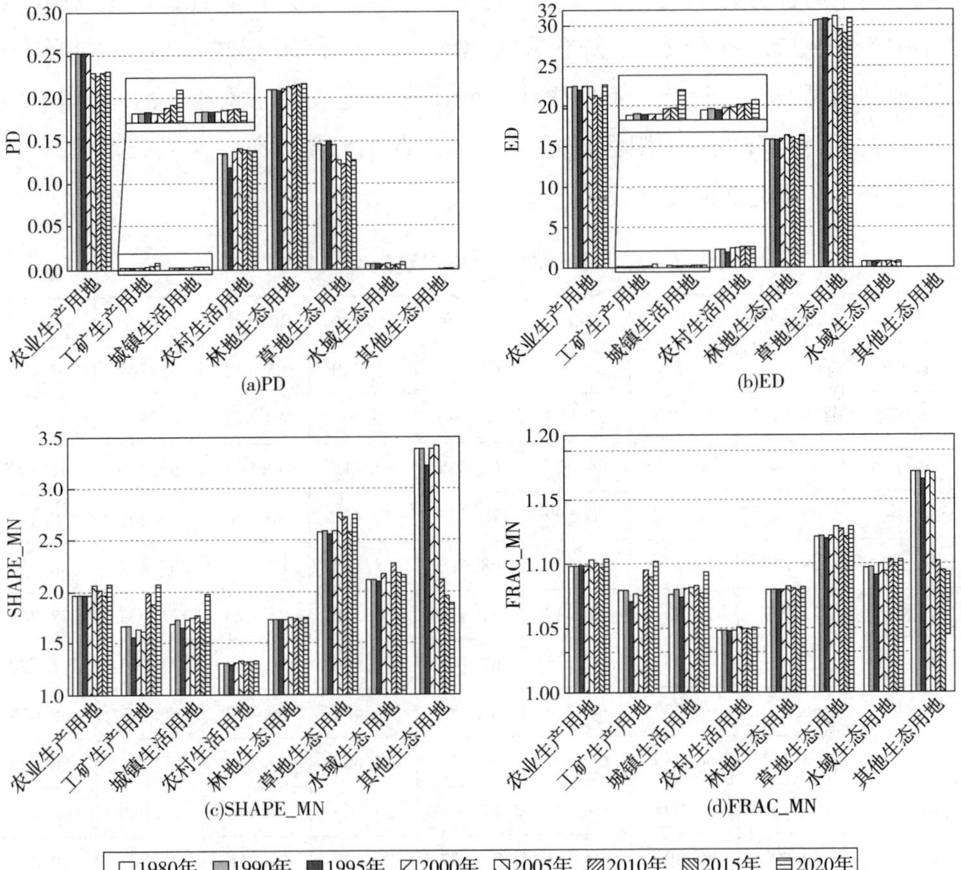

图 4-1 宝鸡市 1980—2020 年景观格局变化

二、区域尺度上景观时间变化

土地利用变化对宝鸡市所辖区县的景观格局产生了不同程度的影响。通过蔓延度指数(CONTAG)、香农多样性指数(SHDI)、香农均匀度指数(SHEI)，探讨区域尺度上各区县的景观连通性、多样性和均匀度。

蔓延度(CONTAG)是反映不同类型斑块在景观里的聚集程度或扩张趋势。宝鸡市1980—2020年蔓延度(CONTAG)如表4-1所示。由表4-1可以清楚地看出太白县的蔓延度最高，在研究期间其计算值为80左右，高蔓延度表明太白县各景观类型中的优势斑块之间有较好的连通性。除此之外，其他区县的CONTAG多集中在62~72，相差较小。陈仓区的CONTAG在所有区县中最小，说明陈仓区的土地利用类型较为复杂，不同斑块之间团聚程度较低。凤翔县的CONTAG在1995年之后逐渐降低。千阳县蔓延度在2010年后有所增加。凤县、渭滨区、陇县和陈仓区在研究期间变化较小。

表4-1　宝鸡市1980—2020年蔓延度(CONTAG)

区/县	1980年	1990年	1995年	2000年	2005年	2010年	2015年	2020年
陈仓区	65.432	65.506	65.968	65.361	65.219	65.132	65.167	64.433
渭滨区	70.272	70.377	70.997	70.090	69.993	69.845	69.825	69.279
金台区	63.941	64.037	64.727	63.645	63.412	62.868	62.940	61.400
凤县	70.487	70.508	70.599	70.487	70.430	70.358	70.369	70.419
凤翔县	69.213	69.178	69.674	68.618	68.133	67.798	67.494	66.927
扶风县	71.977	71.837	71.928	71.471	70.360	71.620	71.637	72.766
麟游县	67.739	67.757	67.758	67.747	67.596	70.087	72.005	71.770
陇县	66.692	66.652	66.709	66.580	66.449	66.472	66.507	68.439
眉县	66.375	66.339	66.840	66.077	65.682	67.809	67.761	66.605
岐山县	67.983	67.897	69.705	67.662	67.109	67.144	67.049	68.167
太白县	79.892	79.890	79.963	79.887	79.905	79.986	80.001	79.806
千阳县	65.794	65.448	65.930	65.328	65.028	69.693	69.702	69.204
宝鸡市	64.943	64.937	65.305	64.773	64.596	64.492	64.507	63.952

香农多样性指数(SHDI)可以体现不同景观类型的异质性，尤其是对不同斑块的空间不均匀分布较为敏感，更突出了稀缺斑块类型的空间分布特征。宝鸡市1980—2020年香农多样性指数(SHDI)如表4-2所示。由表4-2可以看出，太白

县 SHDI 较低，破碎化程度较低，即景观异质性较低。金台区、眉县、陈仓区、渭滨区、岐山县和凤翔县的 SHDI 在 1995 年之后表现出上升的趋势，景观异质性增强。在研究期间，陇县、麟游县和凤县 SHDI 变化较小，这三个县的 SHDI 依次为：陇县>麟游县>凤县。

表 4-2 宝鸡市 1980—2020 年香农多样性指数(SHDI)

区/县	1980 年	1990 年	1995 年	2000 年	2005 年	2010 年	2015 年	2020 年
陈仓区	1.239	1.236	1.219	1.242	1.245	1.252	1.252	1.273
渭滨区	1.153	1.149	1.125	1.160	1.163	1.172	1.174	1.192
金台区	1.277	1.273	1.249	1.288	1.295	1.321	1.319	1.368
凤县	0.965	0.964	0.961	0.965	0.965	0.969	0.969	0.965
凤翔县	1.105	1.106	1.087	1.126	1.146	1.163	1.175	1.190
扶风县	0.933	0.937	0.935	0.949	0.987	1.033	1.033	1.057
麟游县	1.024	1.023	1.024	1.023	1.027	1.035	1.036	1.038
陇县	1.170	1.171	1.169	1.174	1.177	1.180	1.181	1.182
眉县	1.233	1.233	1.217	1.242	1.256	1.262	1.264	1.307
岐山县	1.166	1.169	1.105	1.178	1.197	1.199	1.203	1.238
太白县	0.756	0.756	0.753	0.756	0.755	0.752	0.753	0.758
千阳县	1.091	1.104	1.089	1.108	1.123	1.137	1.138	1.149
宝鸡市	1.212	1.212	1.199	1.218	1.222	1.233	1.235	1.245

香农均匀度指数(SHEI)可以反映景观类型对整体景观的控制程度。宝鸡市 1980—2020 年香农均匀度指数(SHEI)如表 4-3 所示。由表 4-3 可知，1980—2020 年，渭滨区、金台区、凤翔县的 SHEI 总体呈上升趋势，但均在 1995 年有所降低。金台区 SHEI 均大于其他区县，说明金台区的土地利用类型没有显著的主导型，各斑块在景观中的分布均匀程度较高。陈仓区、凤县和太白县的 SHEI 在研究期间变化较小。太白县的 SHEI 远小于其他区县，太白县的草地生态用地是其明显的优势分布，景观类型较为单一。眉县、麟游县和扶风县的景观结构在研究期间变化较大，因此这三个县 SHEI 波动较大。

表 4-3　宝鸡市 1980—2020 年香农均匀度指数(SHEI)

区/县	1980 年	1990 年	1995 年	2000 年	2005 年	2010 年	2015 年	2020 年
陈仓区	0.637	0.635	0.626	0.638	0.640	0.643	0.643	0.654
渭滨区	0.555	0.552	0.541	0.558	0.559	0.564	0.565	0.573
金台区	0.656	0.654	0.642	0.662	0.665	0.679	0.678	0.703
凤县	0.538	0.538	0.536	0.538	0.539	0.541	0.541	0.539
凤翔县	0.568	0.568	0.559	0.579	0.589	0.597	0.604	0.611
扶风县	0.521	0.523	0.522	0.530	0.551	0.531	0.531	0.508
麟游县	0.571	0.571	0.571	0.571	0.573	0.532	0.498	0.499
陇县	0.601	0.602	0.601	0.603	0.605	0.607	0.607	0.568
眉县	0.633	0.634	0.626	0.638	0.645	0.607	0.608	0.628
岐山县	0.599	0.601	0.568	0.605	0.615	0.616	0.618	0.595
太白县	0.364	0.364	0.362	0.364	0.363	0.362	0.362	0.365
千阳县	0.609	0.616	0.608	0.618	0.627	0.547	0.547	0.553
宝鸡市	0.583	0.583	0.577	0.586	0.588	0.593	0.594	0.599

第三节　景观格局的垂直分异特征解析

一、类型景观格局垂直分异规律

为了分析景观指数在高程上的空间差异性特征和规律，分析 1980 年和 2020 年土地利用类型在高程梯度上的分布特征，其结果可以定量地刻画景观指数在高程梯度上的特点。

1980 年和 2020 年宝鸡市不同高程上斑块密度(PD)分别如表 4-4 和表 4-5 所示。由表 4-4 和表 4-5 可知，1980 年和 2020 年土地利用类型的 PD 在高程上表现出相似性和差异性。1980 年和 2020 年农业生产用地的 PD 值在高程 700～

1600m 时较大，说明农业生产用地在该地形区间的破碎程度较高，另外，在该地形区间，农业生产用地 2020 年的 PD 值小于 1980 年，意味着农业生产用地分布随着时间的推移更集中连片。整体来看，1980 年和 2020 年工矿生产用地 PD 值随着高程的增加整体呈减小趋势，1980 年和 2020 年工矿生产用地 PD 最大值均在高程小于 700m 的区域，单位面积斑块数较大。城镇生活用地和农村生活用地 PD 高值主要集中在高程小于 1000m 区域，在该区域，生活用地空间分布上相对分散，破碎化程度较高。林地生态用地和草地生态用地高值区主要出现在高程 1000~2500m 的区域。水域生态用地 PD 值较高的区域为高程小于 1000m 的位置。

表 4-4 1980 年宝鸡市不同高程上斑块密度(PD)

高程/m	农业生产用地	工矿生产用地	城镇生活用地	农村生活用地	林地生态用地	草地生态用地	水域生态用地	其他生态用地
<700	0.6862	0.0094	0.0168	0.7354	0.2366	0.2748	0.0445	0.0005
700~1000	1.4854	0.0029	0.0085	0.4297	0.5899	0.8701	0.0449	—
1000~1300	1.1756	0.0032	0.0015	0.0783	0.9776	1.4608	0.0141	—
1300~1600	1.0757	0.0012	0.0012	0.0236	1.2191	1.1996	0.0045	—
1600~1900	0.4509	—	0.0004	0.0021	0.7738	1.2008	0.0004	—
1900~2200	0.2157	—	—	0.0006	0.8952	1.1491	—	0.0019
2200~2500	0.076	—	0.0018	—	1.2966	1.2825	—	0.023
>2500	0.0653	—	0.0073	—	0.7761	0.6552	—	0.0145

注：“—”意味着某种用地类型在某高程上没有分布，故其值不存在。

表 4-5 2020 年宝鸡市不同高程上斑块密度(PD)

高程/m	农业生产用地	工矿生产用地	城镇生活用地	农村生活用地	林地生态用地	草地生态用地	水域生态用地	其他生态用地
<700	0.7082	0.0351	0.0236	0.7742	0.2502	0.2607	0.0555	0.0005
700~1000	1.4162	0.0324	0.0258	0.4570	0.6374	0.8469	0.0475	0.0015
1000~1300	1.1559	0.0068	0.0027	0.0834	1.0277	1.4832	0.0173	0.0022

续表

高程/m	农业生产用地	工矿生产用地	城镇生活用地	农村生活用地	林地生态用地	草地生态用地	水域生态用地	其他生态用地
1300~1600	1.0501	0.0065	0.0015	0.0251	1.2355	1.2186	0.0057	0.0007
1600~1900	0.4340	—	0.0011	0.0021	0.7844	1.2279	0.0004	0.0004
1900~2200	0.1989	—	—	0.0006	0.8881	1.1575	—	0.0019
2200~2500	0.0671	—	0.0018	—	1.3108	1.3214	—	0.0283
>2500	0.0508	—	0.0024	—	0.8052	0.6601	—	0.0145

注："—"意味着某种用地类型在某高程上没有分布，故其值不存在。

1980年和2020年宝鸡市不同高程上边缘密度(ED)如表4-6和表4-7所示。由表4-6和表4-7可知，土地利用类型ED分布呈现出地带差异性。1980年和2020年农业生产用地的ED值在高程小于1600m的区域较大，相应的景观异质性较高。2020年工矿生产用地ED值在不同高程上均大于1980年，且两个时期的ED值均随着高程的上升而下降，说明工矿生产用地斑块边缘复杂性在高海拔区域较低。1980年和2020年城镇生活用地和农村生活用地在高程小于700m的区域较高，反映出该用地类型在高程小于700m的区域较为活跃。农村生活用地的ED值表现出明显的随高程上升而下降的趋势。整体来看，两个时期林地生态用地ED值随着高程的上升而增加，均在1900~2200m的区间有所回落，林地生态用地在该区间景观异质性较低。草地生态用地的ED最大值均出现在高程为1000~1300m的区域，这也是草地的优势分布区间，斑块边缘形状最大。水域生态用地高值区主要出现在高程小于1000m的区域。

表4-6　1980年宝鸡市不同高程上边缘密度(ED)

高程/m	农业生产用地	工矿生产用地	城镇生活用地	农村生活用地	林地生态用地	草地生态用地	水域生态用地	其他生态用地
<700	23.3561	0.5926	0.8644	11.0236	4.0353	9.9386	3.2532	0.0135
700~1000	34.1248	0.0767	0.2185	5.7777	8.1203	32.1994	1.9885	—

续表

高程/m	农业生产用地	工矿生产用地	城镇生活用地	农村生活用地	林地生态用地	草地生态用地	水域生态用地	其他生态用地
1000～1300	37.9960	0.0455	0.0228	0.7322	16.8930	45.0904	0.3230	—
1300～1600	23.8461	0.0186	0.0368	0.1838	20.8272	38.3614	0.0901	—
1600～1900	6.3430	—	0.0007	0.0175	20.2876	23.2226	0.0001	—
1900～2200	2.1692	—	—	0.0054	16.4290	17.1873	—	0.0326
2200～2500	0.8472	—	0.0078	—	20.2435	19.8662	—	0.3957
>2500	0.7222	—	0.1915	—	27.1580	26.9162	—	0.4422

注："—"意味着某种用地类型在某高程上没有分布，故其值不存在。

表 4-7　2020 年宝鸡市不同高程上边缘密度(ED)

高程/m	农业生产用地	工矿生产用地	城镇生活用地	农村生活用地	林地生态用地	草地生态用地	水域生态用地	其他生态用地
<700	25.8382	1.8487	1.6824	12.8064	4.3170	10.2648	3.5339	0.0137
700～1000	34.6821	1.1199	0.3842	6.7885	8.7642	31.3324	2.0679	0.0095
1000～1300	37.2777	0.1374	0.0384	0.8340	17.8980	45.6494	0.3512	0.0199
1300～1600	24.0025	0.1163	0.0586	0.2200	21.4438	39.2359	0.0962	0.0139
1600～1900	6.4896	—	0.0015	0.0169	20.7878	23.6978	0.0002	0.0037
1900～2200	3.0516	—	—	0.0054	16.8116	17.8728	—	0.0328
2200～2500	0.5614	—	0.0078	—	20.5399	20.2289	—	0.4022
>2500	0.6695	—	0.2089	—	27.7745	27.5238	—	0.4546

注："—"意味着某种用地类型在某高程上没有分布，故其值不存在。

1980 年和 2020 年宝鸡市不同高程上平均形状指数(SHAPE_MN)分别如表 4-8 和表 4-9 所示。由表 4-8 和表 4-9 可以看出宝鸡市 2020 年 SHAPE_MN 均大于 1980 年的值，即 2020 年同类斑块形状的平均复杂程度均大于 1980 年。1980 年和 2020 年农业生产用地的 SHAPE_MN 值在 700～1900m 高程上较大。1980 年城镇生活用地 SHAPE_MN 最大值在高程 1300～1600m 的区域，2020 年最大值出现在高程大于2500m的区域，说明2020年城镇生活用地斑块复杂程度在高程大于2500m的区域最大，在此区间SHAPE_MN值是1980年3倍左右。2020年农村生活用地SHAPE_MN值远大于1980年。1980年和2020年生态用地的SHAPE_MN值多处于区间(1，2)内，且在各时期较为稳定，2020年草地生态用地的SHAPE_MN值在高程小于700m的区域为1.9848，是生态用地SHAPE_MN的最大值。

表4-8　1980年宝鸡市不同高程上平均形状指数(SHAPE_MN)

高程/m	农业生产用地	工矿生产用地	城镇生活用地	农村生活用地	林地生态用地	草地生态用地	水域生态用地	其他生态用地
<700	1.0865	1.0978	1.0676	1.0567	1.0711	1.1051	1.0952	1.1208
700~1000	1.0919	1.0816	1.0795	1.0624	1.0892	1.1069	1.1096	—
1000~1300	1.0987	1.0886	1.0708	1.0544	1.0909	1.1041	1.1018	—
1300~1600	1.0956	1.0646	1.1023	1.0475	1.0913	1.1035	1.1221	—
1600~1900	1.0909	—	1.0450	1.0786	1.0959	1.0977	1.0222	—
1900~2200	1.0840	—	—	1.0766	1.0919	1.0921	—	1.0841
2200~2500	1.1163	—	1.0729	—	1.0931	1.0973	—	1.1286
>2500	1.0830	—	1.0868	—	1.0952	1.0982	—	1.0901

注："—"意味着某种用地类型在某高程上没有分布，故其值不存在。

表4-9　2020年宝鸡市不同高程上平均形状指数(SHAPE_MN)

高程/m	农业生产用地	工矿生产用地	城镇生活用地	农村生活用地	林地生态用地	草地生态用地	水域生态用地	其他生态用地
<700	1.5081	1.8344	1.8218	1.3855	1.5049	1.9848	1.8264	1.9848
700~1000	1.6246	2.0344	1.4880	1.4127	1.6212	1.9840	1.9670	1.4269
1000~1300	1.8055	1.8266	1.5408	1.3473	1.6708	1.8523	1.6901	1.5074
1300~1600	1.7495	1.7879	2.0262	1.3349	1.6967	1.8830	1.8323	1.7424
1600~1900	1.6631	—	1.2176	1.2978	1.8229	1.7501	1.0000	1.5588

续表

高程/m	农业生产用地	工矿生产用地	城镇生活用地	农村生活用地	林地生态用地	草地生态用地	水域生态用地	其他生态用地
1900~2200	1.6361	—	—	1.5556	1.7430	1.6458	—	1.5868
2200~2500	1.6523	—	1.3913	—	1.7386	1.6930	—	1.7085
>2500	1.6004	—	3.3664	—	1.7780	1.8001	—	1.8593

注："—"意味着某种用地类型在某高程上没有分布，故其值不存在。

1980年和2020年宝鸡市不同高程上平均斑块分形指数(FRAC_MN)分别如表4-10和表4-11所示。由表4-10和表4-11可知，宝鸡市1980年和2020年FRAC_MN值具有相似性和差异性。2020年各用地类型的SHAPE_MN值均小于1980年的值，这说明1980年单个斑块的形状复杂程度更高。1980年和2020年农业生产用地的FRAC_MN值在不同高程上波动变化，均表现为"增加-减小-增加-减小"的波动趋势。1980年和2020年工矿生产用地的FRAC_MN值较为稳定。生态用地的FRAC_MN值变化较小。

表4-10　1980年宝鸡市不同高程上平均斑块分形指数(FRAC_MN)

高程/m	农业生产用地	工矿生产用地	城镇生活用地	农村生活用地	林地生态用地	草地生态用地	水域生态用地	其他生态用地
<700	1.4840	1.9571	1.5692	1.3615	1.4818	1.9437	1.8331	1.9846
700~1000	1.6095	1.5327	1.5014	1.3843	1.6156	1.9569	1.9916	—
1000~1300	1.7940	1.6199	1.3515	1.3084	1.6669	1.8698	1.7553	—
1300~1600	1.7263	1.4292	1.8445	1.2611	1.6823	1.8796	1.9216	—
1600~1900	1.6238	—	1.2083	1.4139	1.8162	1.7466	1.0000	—
1900~2200	1.5494	—	—	1.4483	1.7381	1.6393	—	1.6331
2200~2500	1.8061	—	1.3750	—	1.7300	1.7019	—	1.9367
>2500	1.5522	—	1.8019	—	1.7904	1.7986	—	1.8166

注："—"意味着某种用地类型在某高程上没有分布，故其值不存在。

表 4-11　2020 年宝鸡市不同高程上平均斑块分形指数(FRAC_MN)

高程/m	农业生产用地	工矿生产用地	城镇生活用地	农村生活用地	林地生态用地	草地生态用地	水域生态用地	其他生态用地
<700	1.0869	1.0873	1.0884	1.0590	1.0739	1.1072	1.0928	1.1186
700~1000	1.0937	1.1062	1.0847	1.0656	1.0897	1.1093	1.1088	1.0735
1000~1300	1.0994	1.1015	1.0895	1.0610	1.0913	1.1022	1.0937	1.1024
1300~1600	1.0974	1.0973	1.1132	1.0595	1.0935	1.1034	1.1119	1.0960
1600~1900	1.0947	—	1.0585	1.0520	1.0967	1.0980	1.0504	1.0868
1900~2200	1.0915	—	—	1.0946	1.0919	1.0925	—	1.0797
2200~2500	1.0989	—	1.0733	—	1.0950	1.0958	—	1.1012
>2500	1.0836	—	1.1877	—	1.0937	1.0986	—	1.0936

注："—"意味着某种用地类型在某高程上没有分布，故其值不存在。

二、区域景观格局高程分布特征

宝鸡市 1980—2020 年 CONTAG 在不同高程上呈现不同的特征，如表 4-12 所示。8 个时间节点上宝鸡市 CONTAG 值均在 1600~1900m、1900~2200m 和 2200~2500m 这三个高程上较大，说明宝鸡市在该区域景观中存在较多的大斑块，各斑块之间有较高的聚集程度，景观连通性在中高海拔上较好。CONTAG 均在 700~1000m、1000~1300m 和 1300~1600m 这三个高程上值较小，在该区域人类活动频繁，用地情况较为复杂，存在较多小斑块，而且不同的斑块类型之间的团聚程度较低，从而形成多个景观要素分散布局的空间模式，景观破碎化程度较高。宝鸡市不同年份的 CONTAG 值在相同的高程上变化较小，景观类型复杂的区域多位于低高程，景观类型简单的区域多位于较高的海拔上。

表 4-12　宝鸡市 1980—2020 年不同高程蔓延度(CONTAG)

高程/m	1980 年	1990 年	1995 年	2000 年	2005 年	2010 年	2015 年	2020 年
<700	74.7406	74.6899	75.6360	74.1355	73.5356	72.6778	72.6557	70.4266
700~1000	69.0620	68.9387	69.6150	68.5134	68.0381	70.0005	69.9296	69.1143

续表

高程/m	1980 年	1990 年	1995 年	2000 年	2005 年	2010 年	2015 年	2020 年
1000~1300	68.9676	68.9536	69.0343	68.9310	68.8466	68.8265	70.8475	70.6779
1300~1600	70.3454	70.3534	70.4597	70.3401	70.3303	72.2053	72.2592	72.1513
1600~1900	78.1779	78.1787	78.2427	78.1935	78.2062	80.5879	81.2967	79.8768
1900~2200	82.5085	82.6209	82.6284	82.6365	82.6295	82.2916	82.3971	82.1421
2200~2500	80.0806	80.1280	80.2310	80.1289	80.1631	80.8682	80.9190	80.6344
>2500	74.7113	74.6995	74.7242	74.6996	74.6634	74.8207	74.9155	74.7374

宝鸡市 1980—2020 年不同高程香农多样性指数(SHDI)如表 4-13 所示。由表 4-13 可知，宝鸡市 1980—2020 年的 SHDI 值在不同高程上的分异显著。不同年份的 SHDI 平均值由大到小的高程排序为：700~1000m、1000~1300m、1300~1600m、<700m、>2500m、1600~1900m、2200~2500m、1900~2200m。宝鸡市 SHDI 值在中低高程上值较大，景观格局异质斑块较多，说明宝鸡市在中低地形梯度上景观斑块分布比较均衡。宝鸡市 SHDI 值在高地形梯度上较小，说明其景观分布不均衡，景观空间异质程度较低，高地形梯度上林地和草地具有优势分布，在该位置景观斑块较少，破碎化程度较低。不同年份 SHDI 值在不同高程梯度上较为稳定。

表 4-13　宝鸡市 1980—2020 年不同高程香农多样性指数(SHDI)

高程/m	1980 年	1990 年	1995 年	2000 年	2005 年	2010 年	2015 年	2020 年
<700	0.9694	0.9709	0.9356	0.9926	1.0150	1.0515	1.0530	1.1372
700~1000	1.0891	1.0938	1.0688	1.1094	1.1263	1.1353	1.1394	1.1647
1000~1300	1.0747	1.0751	1.0732	1.0760	1.0786	1.0843	1.0850	1.0848
1300~1600	1.0413	1.0410	1.0373	1.0415	1.0405	1.0449	1.0438	1.0432
1600~1900	0.7118	0.7116	0.7091	0.7111	0.7099	0.7767	0.7086	0.7116
1900~2200	0.5121	0.5085	0.5083	0.5080	0.5076	0.5181	0.5156	0.5214
2200~2500	0.5832	0.5817	0.5794	0.5817	0.5800	0.5590	0.5582	0.5654
>2500	0.7389	0.7394	0.7385	0.7394	0.7395	0.7349	0.7328	0.7368

宝鸡市 1980—2020 年的 SHEI 在不同高程上差异显著，如表 4-14 所示。总体来看，宝鸡市 SHEI 值在高程上变化较小，SHEI 值在区间(0. 300，0. 600)内。宝鸡市 SHEI 值在 1600~1900m、1900~2200m 和 2200~2500m 这三个高程上较大，在 700~1000m、1000~1300m 和 1300~1600m 这三个高程上较小。SHDI 和 SHEI 在高程上的分布特征类似，高值出现在低高程上，低值出现在海拔较高的位置。在地形较高的区域景观通常由一种或者几种优势斑块类型所支配。

表 4-14　宝鸡市 1980—2020 年不同高程香农均匀度指数(SHEI)

高程/m	1980 年	1990 年	1995 年	2000 年	2005 年	2010 年	2015 年	2020 年
<700	0. 4662	0. 4669	0. 4499	0. 4773	0. 4881	0. 5057	0. 5064	0. 5469
700~1000	0. 5597	0. 5621	0. 5493	0. 5701	0. 5788	0. 5459	0. 5479	0. 5601
1000~1300	0. 5523	0. 5525	0. 5515	0. 5530	0. 5543	0. 5572	0. 5218	0. 5217
1300~1600	0. 5351	0. 5349	0. 5331	0. 5352	0. 5347	0. 5025	0. 5020	0. 5017
1600~1900	0. 3972	0. 3972	0. 3958	0. 3969	0. 3962	0. 3239	0. 3408	0. 3657
1900~2200	0. 3182	0. 3159	0. 3158	0. 3157	0. 3154	0. 3219	0. 3203	0. 3239
2200~2500	0. 3624	0. 3615	0. 3600	0. 3615	0. 3604	0. 3473	0. 3469	0. 3513
>2500	0. 4591	0. 4594	0. 4588	0. 4594	0. 4595	0. 4566	0. 4553	0. 4578

第五章

宝鸡市土地利用冲突特征

第一节 土地利用冲突概念与测度

一、土地利用冲突的形成机理与调控逻辑

土地利用冲突是用地利益相关者与土地区域有不相容的利益，产生负面影响时发生的。如城市扩张与耕地保护之间的冲突、受保护土地与生产用地(如耕地、建设用地)之间的冲突，以及过度使用土地与土地退化之间的冲突等。土地利用冲突的根源众多，冲突主要来自资源匮乏、社会权力失衡、明确的用地政策等。在极端情况下，土地利用冲突可能会上升为暴力行为。土地利用规划的目的是满足当前和未来的社会需求，同时尽可能使土地利用冲突保持在较低的程度。省级规划或市级规划的制定确定了广泛的土地利用分配，以满足对未来土地利用的期望。但土地利用合理布局永远无法回避其冲突，因为土地和社会处于不断变化的状态。社会或自然环境的变化是土地利用冲突的催化剂。因此，问题不只在于避免土地利用冲突本身，更在于管理和改进冲突。

二、景观生态风险与土地利用冲突的关联性

土地利用冲突的评价维度可以对应景观生态风险评价的内容。有效的诊断和评估需要考虑多种因素对土地利用结构带来的影响，例如人类干扰、自然条件恶化、社会经济发展需求等，从而更好地分析国土资源自身的质量和可持续利用能力，评估不同土地利用类型之间的竞争和矛盾，以及土地利用系统的稳定性。冲突压力反映了人类活动对土地系统的影响和压力，即景观风险源可以用景观复杂度指数来表征，以反映周边景观的干扰，景观干扰强度低的地区通常指人类活动干扰较小、土地资源保持较好的地区。这些地区较少受到人类需求胁迫，相应的冲突压力也较小。然而，土地利用冲突的强度还与土地资源自身的特性有关。不同的土地类型具有不同的功能和特点，其承受冲突压力的能力也不同。风险受体

可以通过景观的脆弱性来表示。冲突压力下土地利用的稳定性也是评估土地利用冲突的一个重要方面。风险效应可以用景观破碎化指数来表征，以反映景观的多样性和稳定性。景观越分散，景观组成部分的稳定性越差，冲突可能越激烈。景观复杂性、脆弱性和破碎性增加的地区生态风险和土地利用冲突也随之升高。因此，景观的复杂性、脆弱性和破碎性被认为是反映生态风险的风险源、风险受体和风险效应，进而反映土地利用冲突强度。

第二节　景观生态学视角下的冲突评估

一、景观生态学视角下的冲突评估方法

1. 景观复杂度

景观复杂度是衡量风险源的重要指标，用来衡量邻域景观对目标景观的干扰程度。选择面积加权平均斑块分形指数来定义景观复杂度，其公式可以表示为：

$$S = \sum_{i=1}^{m} \sum_{j=1}^{n} \left[\frac{2\ln(0.25P_{ij})}{\ln a_{ij}} \right] \left(\frac{a_{ij}}{A} \right) \tag{5-1}$$

式中，P_{ij}为土地利用类型 i 中斑块 j 的周长，km；a_{ij}为土地利用类型 i 中斑块 j 的面积，km^2；A 为景观的总面积，km^2。当用地斑块为圆形或方形等简单形状时，该指数接近 1；当土地利用地块具有高度卷曲的平面填充形状时，指数接近 2。以往研究表明，该指数能够有效描述人类干扰下景观格局的复杂度。值越大，往往表明景观格局越复杂，受人类活动干扰的土地利用冲突越激烈。该指标由 ArcGIS 软件中的 Patch Analyst 模块计算。

2. 景观脆弱性

景观脆弱性反映了土地利用斑块在受到外部干扰时，景观格局的结构、功能和特征发生变化的可能性。脆弱性通常和土地利用类型密切相关。参考前人研究经验，将固定的脆弱性指数赋值给各土地利用类型。景观脆弱性通过以下公式计算：

$$R = \sum_{i=1}^{n} F_i \cdot \frac{a_i}{S} \tag{5-2}$$

式中，F_i 为土地利用类型 i 的脆弱性得分；a_i 为土地利用类型 i 的面积，km^2；S 为总面积，km^2。景观脆弱性指数广泛用于反映景观抵抗外部干扰的能力。景观脆弱性指数值越高表明土地利用结构抵抗外部干扰的能力越弱，土地利用冲突趋于更激烈。参考相关研究成果，为各国土空间类型赋予不同的景观脆弱度指数(林地生态用地、草地生态用地、农业生产用地、水域生态用地、其他生态用地分别为 1、2、3、4、5，工矿生产用地、城镇生活用地和农村生活用地均为 6)。

3. 景观破碎性

景观破碎性(E)是风险效应的一个指标，反映了空间单元对城市化和土地复垦等干扰的反应。更为零散的景观表明不同土地使用利益相关者之间竞争激烈，土地利用冲突激烈。本书用斑块密度表征景观破碎性，其计算参考式(4-1)。斑块密度值越高，景观越分散。零散的用地结构表明土地利用缺乏稳定性，还会加剧空间冲突。

4. 土地利用冲突模型

土地利用冲突(RI)通过景观复杂性、景观脆弱性和景观破碎性的总和来衡量。通过以下公式计算：

$$\mathrm{RI} = S + R + E \tag{5-3}$$

二、多尺度格网下宝鸡市土地利用冲突演变

基于 ArcGIS 软件和 Fragstats 软件分析宝鸡市 2000—2020 年土地利用冲突水平，由于 Fragstats 软件计算的各类景观指数结果依赖于格网尺度选取的大小，因此分别选取了边长为 500m、1000m、1500m、2000m、2500m、3000m 的格网进行对比，相比之下 1000m×1000m 的格网是最适宜的空间单元，将宝鸡市划分为 18692 个的格网，格网面积不足 $1km^2$ 的按一个完整的格网进行计算。

从两个角度分析宝鸡市空间冲突结果。①分析宝鸡市空间冲突数量结果。②利用ArcGIS 软件的创建渔网功能，将宝鸡市划分为 18692 个 1000m×1000m 的

格网，得到宝鸡市土地利用冲突分布结果。将宝鸡市 1980 年、1990 年、2000 年、2010 年和 2020 年二级地类与渔网相交，得到这五个年份格网上的土地利用分布。景观复杂度指数通过 ArcGIS 的 Patch Analyst 模块计算，其他指数基于 ArcGIS 的空间分析计算。参考相关研究，同时考量生态保护对宝鸡市发展的重要程度，分别赋予各土地利用类型不同的景观脆弱性指数(林地生态用地、草地生态用地、农业生产用地、水域生态用地、其他生态用地分别为 1、2、3、4、5，工矿生产用地、城镇生活用地、农村生活用地均为 6)。利用空间冲突指数计算模型分析每个空间格网的冲突指数，对指标进行归一化处理，并根据自然间断法将其分为 5 个级别：低冲突(0～0.2)、较低冲突(0.2～0.4)、中度冲突(0.4～0.6)、较高冲突(0.6～0.8)、高冲突(0.8～0.1)，作为空间冲突等级的依据。这种方法可以更好地分析冲突程度，将其分类为不同强度水平的类别，以便理解和比较区域内不同地区的冲突情况。为了直观显示区域冲突水平的空间分布情况，采用 ArcGIS 软件绘制宝鸡市 1980—2020 年的空间冲突水平。

1. 土地利用冲突时间变化

为更好地了解宝鸡市在研究时段不同类型的空间冲突所占比例和变化特征，对格网的计算结果进行统计和分析，宝鸡市 1980—2020 年用地冲突指数测算结果如表 5-1 所示。由表 5-1 可知，宝鸡市用地冲突等级主要为低冲突、较低冲突和中度冲突，这三种类型的空间冲突在宝鸡市的空间单元数量中所占的比例超过 90%，是冲突类型的主要组成部分，冲突态势比较温和。从 1980—2020 年，低冲突和较低冲突区域空间变化较小，仅在 2010 年有略微增加。中度冲突区域空间单元个数减少了 836 个，空间占比由 1980 年的 31.95%减少到 2020 年的 27.48%。通过对宝鸡市历年土地利用分布、高程资料、遥感资料等的分析，低、较低和中度冲突区域主要分布于渭河平原和秦岭生态优先保护区内，这两个区域是生态环境维护与保育的重点区域，在一定程度上限制了对生态景观的破坏，且用地方式以林、草、农业用地为主，植被覆盖率较高，景观稳定性较好，连通性强，所以空间冲突程度较低。较高冲突区域空间单元占比由 1980 年的 1.40%增加到 2020 年的 6.09%，增长幅度较大。高冲突区域空间单元个数略有减少。从整体上来看，宝鸡市景观生态学视角下的土地利用冲突值较小。

表 5-1 宝鸡市 1980—2020 年用地冲突指数测算结果

冲突等级	空间单元数量/个					空间单元比例				
	1980 年	1990 年	2000 年	2010 年	2020 年	1980 年	1990 年	2000 年	2010 年	2020 年
低冲突	4633	4640	4604	4792	4542	24. 79%	24. 82%	24. 63%	25. 64%	24. 30%
较低冲突	7766	7752	7761	8427	7819	41. 55%	41. 47%	41. 52%	45. 08%	41. 83%
中度冲突	5973	5093	5116	4653	5137	31. 95%	27. 25%	27. 37%	24. 89%	27. 48%
较高冲突	261	1145	1150	788	1139	1. 40%	6. 13%	6. 15%	4. 22%	6. 09%
高冲突	59	62	61	32	55	0. 32%	0. 33%	0. 33%	0. 17%	0. 29%
总计	18692	18692	18692	18692	18692	100. 00%	100. 00%	100. 00%	100. 00%	100. 00%

宝鸡市 1980—2020 年各级空间冲突面积占比如图 5-1 所示。由图 5-1 可知，总体来看，1980—2020 年宝鸡市土地利用冲突面积占比最大的区域是较低冲突区域，占比维持在 40%多。另外是中度冲突和低冲突区域，占比均维持在大约 25%。高冲突区域所占面积最小。随着时间的推移，各冲突等级占比发生了不同程度的变化。2010 年宝鸡市低冲突和较低冲突面积占比最高，而中高度冲突占比较小。

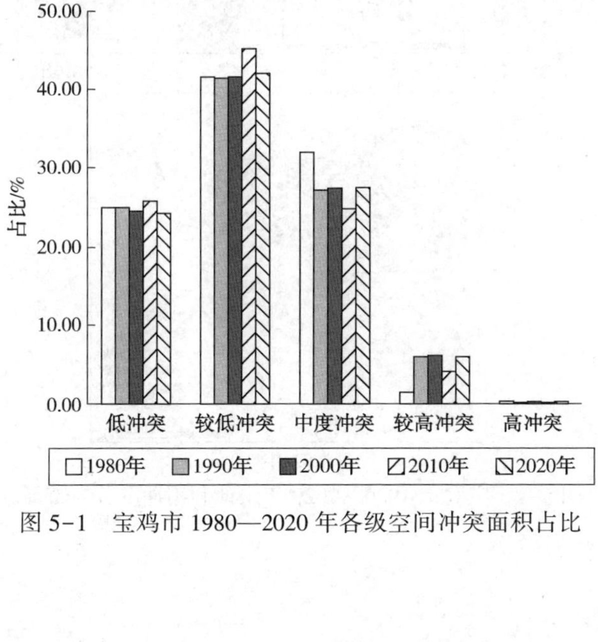

图 5-1 宝鸡市 1980—2020 年各级空间冲突面积占比

2. 土地利用冲突分布特征

宝鸡市 1980—2020 年土地利用冲突分布特征如图 5-2 所示。由图 5-2 可知，宝鸡市土地利用冲突在地域上表现出显著的南北差异，与宝鸡市高程的空间分布

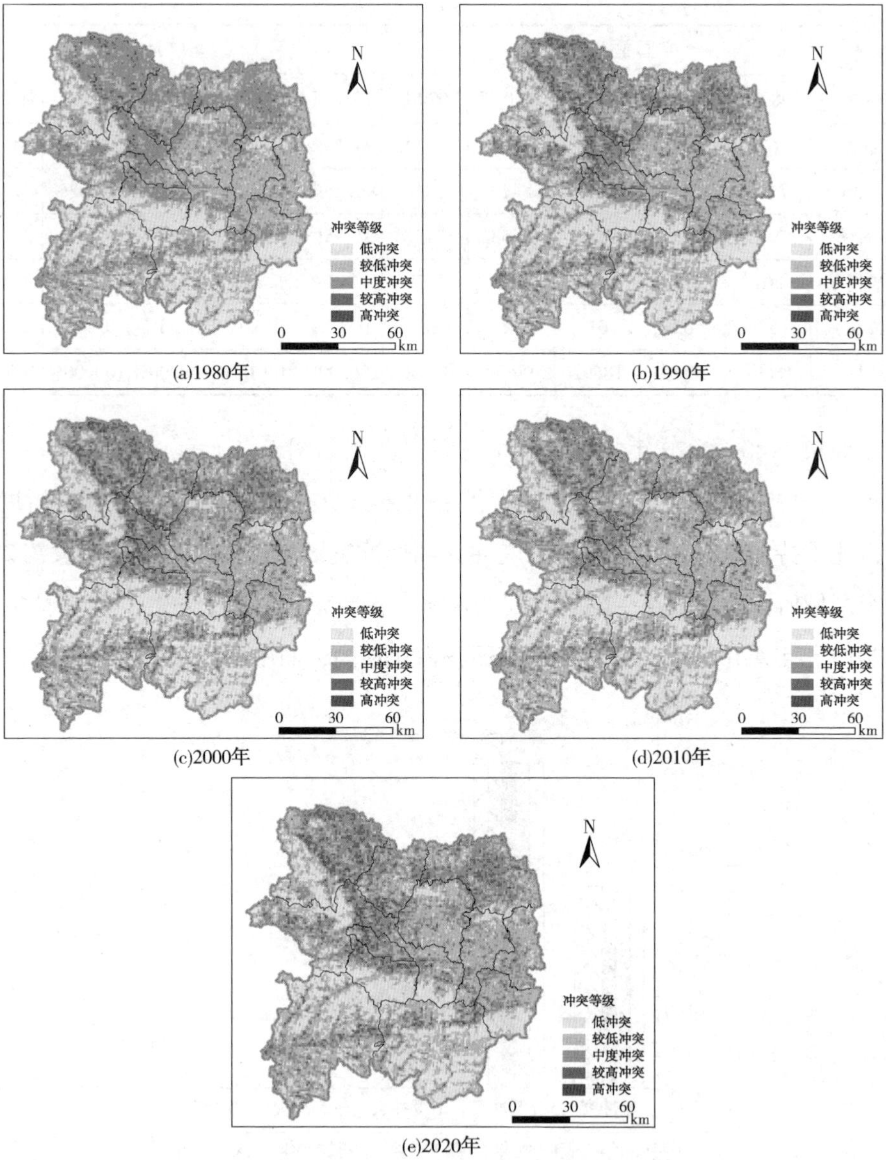

(a)1980年 (b)1990年 (c)2000年 (d)2010年 (e)2020年

图 5-2 宝鸡市 1980—2020 年土地利用冲突分布特征

特征密切关联，高程较低的区域冲突值较高，空间冲突整体表现出“北高南低”的分布特征。土地利用冲突高值区主要集中分布于宝鸡市中部渭河平原和北部等地势低平地区，这些区域由于地形、水文和土壤条件等自然因素的影响，其经济较为发达，人口稠密，城镇化水平高，农业生产用地集中连片，由此引发了旺盛的土地资源需求，进一步加剧了土地利用冲突程度。土地利用冲突低值区主要分布在宝鸡市南部山地丘陵区，秦岭山区地势复杂险峻，海拔高差大，林地广布，植被覆盖度高，人为干扰程度较低，生态环境相对稳定，因而土地利用冲突程度相对较低。工矿生产用地、城镇生活用地和城市生活用地作为人类社会活动的主要载体，这部分区域的空间冲突最为严重，同时，为满足城市发展的需要，城市建设用地会持续向周围扩张，占用周围的优质耕地或林地、草地等生产、生态用地，致使周边存在严重的用地冲突，土地利用冲突数值较高，最终造成土地利用冲突范围扩大。渭河平原地区的土地资源由于形成过程的特殊性和水资源的丰富性，具有很高的经济价值，是农业、工业和城市发展的重要支撑。然而，由于不同利益相关者对土地资源的需求和利益存在差异，使得渭河平原地区成为一个热点区域，土地利用冲突程度相对激烈。

第三节 土地利用冲突相关性分析

一、土地利用冲突的空间关联特征

空间自相关是用来测算一组数据在同一个分布区域相互依赖性的数理统计分析法，可以分为全局空间自相关和局部空间自相关，通常用全局莫兰指数(Global Moran's I)与局部莫兰指数(Local Moran's I)来表示。全局自相关能够体现特定区域多个数据的总体空间特性，但不能更准确地判定局部地理要素之间的空间特征；而局部空间自相关性可以从局部尺度上测算各地学要素之间的相互关系。全局莫兰指数的取值范围是[-1，1]，其计算结果越接近于1，表示空间中的高高聚集和低低聚集现象越明显，空间差异越小，相似程度越高；其结果越接近于-1，表示空间中的高低聚集和低高聚集现象越明显，空间差异越大。采用 GeoDa 软件进行空间冲突自相关分析，公式如下：

$$\text{Global Moran's I} = \frac{n\sum_{i=1}^{n}\sum_{j=1}^{n}w_{ij}(x_i-\bar{x})(x_j-\bar{x})}{\sum_{i=1}^{n}\sum_{j=1}^{n}w_{ij}\sum_{i=1}^{n}(x_i-\bar{x})^2} = \frac{n\sum_{i=1}^{n}\sum_{j=1}^{n}w_{ij}(x_i-\bar{x})(x_j-\bar{x})}{S^2\sum_{i=1}^{n}\sum_{j=1}^{n}w_{ij}} \tag{5-4}$$

$$\text{Local Moran's I} = \frac{x_i-\bar{x}}{S^2}\sum_{i=1}^{n}w_{ij}(x_j-\bar{x})^2 \tag{5-5}$$

$$S^2 = \frac{1}{n}\sum_{i=1}^{n}(x_i-\bar{x})^2 \tag{5-6}$$

$$\bar{x} = \frac{1}{n}\sum_{i=1}^{n}x_i \tag{5-7}$$

式中，n 为空间单元总数；x_i 和 x_j 为位置 i 和 j 处的冲突分值；$\bar{x}$ 为 x_i 属性的平均值；w_{ij}为空间权重矩阵。

二、土地利用冲突的空间自相关格局演变

1. 全局空间自相关分析

采用 1000m×1000m 格网尺度对宝鸡市土地利用冲突进行全局自相关分析，散点图如图 5-3 所示。运用 Geoda 软件计算五期土地利用冲突综合指数的全局自相关系数来检验其显著性情况，研究时段 1980—2020 年的全局莫兰指数分别为 0. 5845、0. 5868、05865、0. 5611 和 0. 5803，均大于 0. 5，这说明空间相关性非常显著，表现出明显的正向空间聚集特性，也意味着相邻区域之间的土地利用冲突程度存在相似性。2010 年全局莫兰指数值小于其他年份，表明 2010 年整体上宝鸡市土地利用冲突聚集效应较低。其他年份的全局莫兰指数较大，说明在该时段宝鸡市用地冲突矛盾较大。

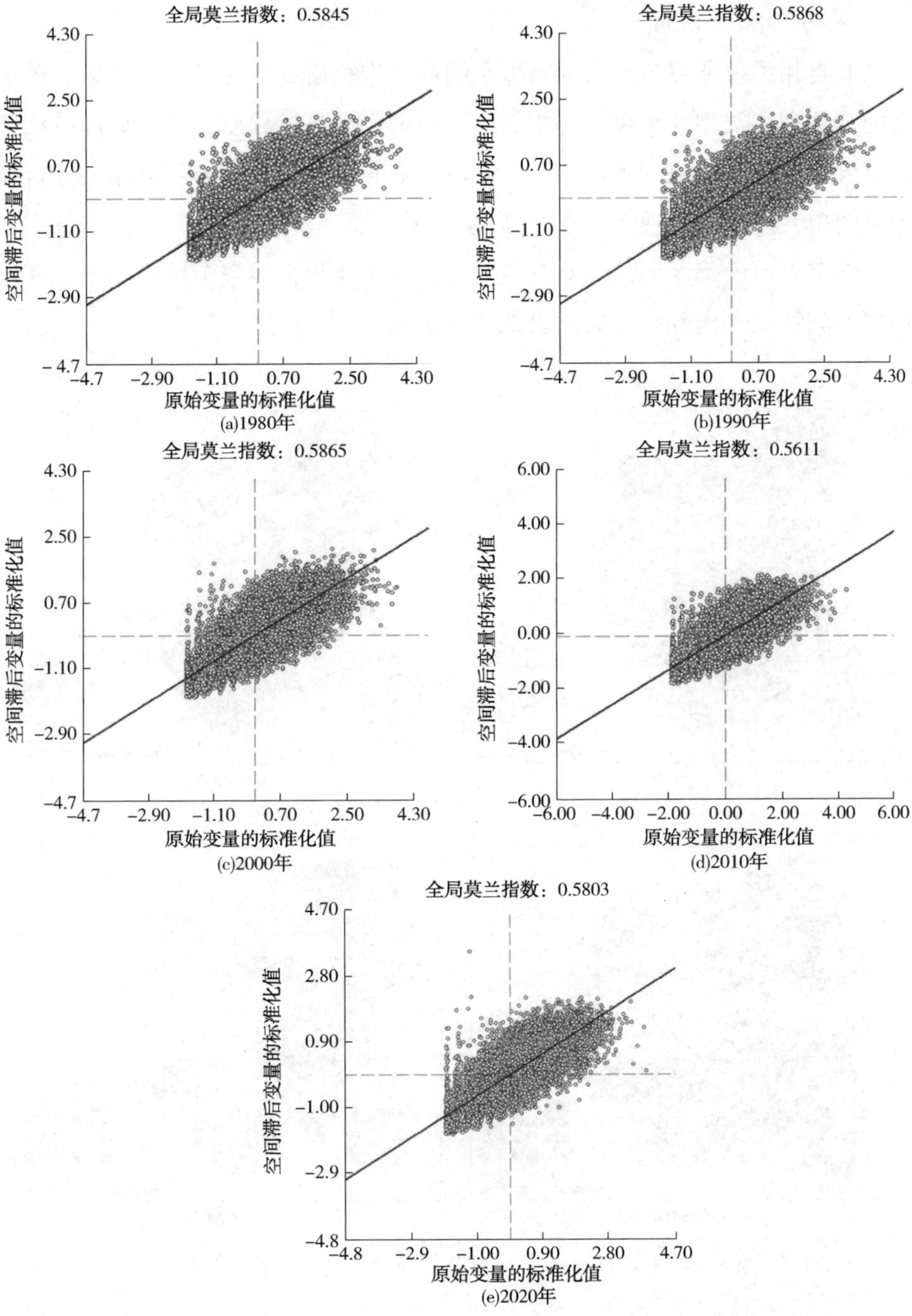

图 5-3　宝鸡市 1980—2020 年土地利用冲突全局莫兰指数散点图

2. 局部自相关分析

全局自相关仅能对宝鸡市的整体空间冲突进行研究，为了更深入地了解不同类型的土地利用类型冲突单元与相邻区域的聚集和离散程度，引入局部自相关分析，以分析宝鸡市内部的不同特征。利用 Geoda 软件，采用局部自相关分析方法得到空间单元及其邻域变量空间聚集或分异特征，如图 5-4 所示。1980—2020 年，虽然宝鸡市内部区域的用地类型发生了较大变化，但整个城市的土地利用冲突局部空间特征和内部空间关系表现基本稳定。

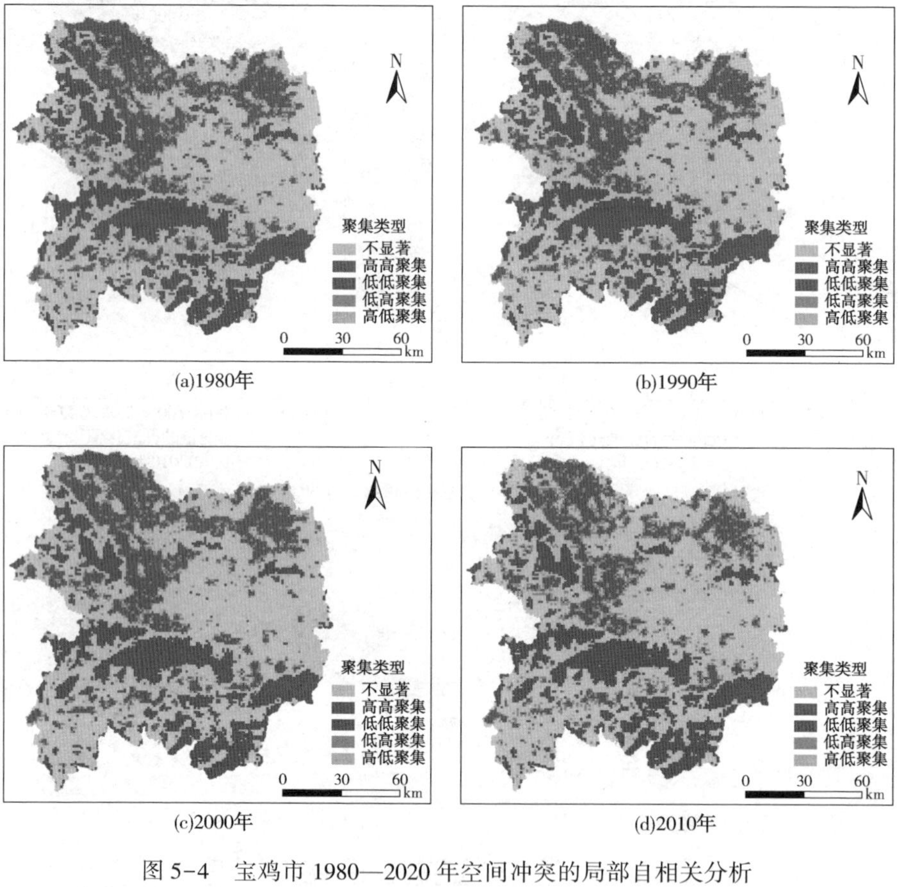

图 5-4　宝鸡市 1980—2020 年空间冲突的局部自相关分析

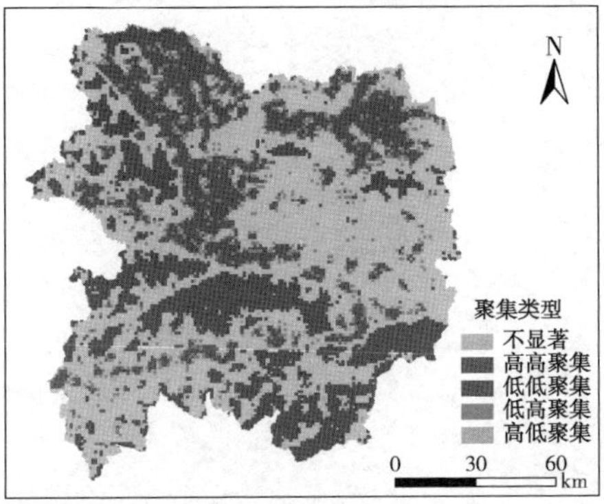

(e)2020年

图 5-4　宝鸡市 1980—2020 年空间冲突的局部自相关分析(续)

在 99%的置信度上，土地利用冲突在空间聚集上有显著的高高聚集和低低聚集的特征，而低高聚集和高低聚集并不显著且分布较为零散。高高聚集的热点地区主要集中在北部和东北部，且在 1980—2020 年，尽管热点地区并未在周边位置发生较大扩散，但聚集效应表现得非常显著。该区域通常是人类经济建设活动频繁、生产生活用地占比高的区域，土地利用具有高度的复杂性，相应的空间脆弱性也非常明显，因此其稳定性低下，土地利用冲突在这些区域集中连片呈现高高聚集。而低低聚集区则主要连片分布在宝鸡市南部，该区域的土地利用冲突相对较低，空间利用和发展相对平衡。低低聚集的区域以山地、丘陵为主，土地利用结构相对简单。

第六章
宝鸡市土地利用冲突多情景模拟

第一节 土地利用模拟的方法、目的与准则

一、土地利用模拟方法

土地利用格局模拟主要包括土地利用数量分布、面积占比以及不同情景下的空间布局特征模拟。其中，土地利用数量主要由转移概率矩阵求得，转移概率依据于土地利用类型经济效益和生态效益。不同情景下的空间分布包含各项驱动因素和土地利用变化预测模型。对宝鸡市的空间冲突采用 PLUS 模型，PLUS 模型通过对不同时期不同地类转化规律的分析来补充 CLUE-s 和 FLUS 等模型在转化规律和景观模拟方面的缺陷，又结合基于人工神经网络的元胞自动机(ANN-CA)模型中两期土地利用各地类间相互转化的样本训练。从不同时期土地利用变化部分进行采样，运用随机森林分类(Random Forest Classifier，RFC)方法，对不同类型的土地利用及其影响因子逐个挖掘。PLUS 模型能够更充分地分析各类土地利用变化的驱动因素，可以从较小的尺度模拟土地利用变化，并将其与多目标优化方法结合，其研究结果可以为宝鸡市空间规划和科学发展提供强有力的支持。

二、土地利用格局模拟准则

1. *总体稳定，局部微调*

宝鸡市现有的土地利用开发格局是人类与自然相互作用累积的结果，在历史进程中受到自然条件的约束，因此其空间格局较为稳定。然而，随着生产活动、工业发展的推进，工矿生产用地、城乡建设用地对优质农田的侵占现象越发严重，导致土地利用开发的集约程度较低，人地矛盾日益突出。因此，优化宝鸡市的土地利用格局应当充分考虑有限的新增空间，调整局部的空间利用结构，并合理布局生产、生活、生态用地，以达到整体优化的目标。

2. *以资源环境承载力为基础*

为了优化宝鸡市山区和平原地区的土地利用格局，需要以资源环境承载力为基

础，综合考虑多种因素。其中，生态保护的重要性和生态环境的脆弱性是至关重要的考虑因素，需要在土地利用开发中充分考虑。此外，耕地便利性、水土资源承载能力、交通区位优势度等方面的因素也应被纳入考虑，构建出科学合理的土地利用开发约束条件。避免过度开发和过度利用资源，从而导致环境恶化和生态破坏。

3. 生态保护优先

生态保护优先指在土地利用开发中，将生态环境的保护放在首位，优先考虑生态系统的完整性和稳定性，从而确保经济社会的可持续发展。在模拟未来土地利用冲突格局时，应以生态保护为首要目标，将涉及生产空间与生态空间、生活空间与生态空间的冲突予以解决，确保生态系统完整和稳定。

第二节　PLUS 模型构建原理

PLUS 模型是在 FLUS 模型的基础上构建的一种新的改进的元胞自动机模型，是以土地扩张分析策略模块与基于多类型随机斑块种子的 CA 模型为基础构建的模拟未来土地利用变化的模型。

一、土地扩张分析策略模块

1. 土地扩张分析策略

分析土地利用变化规律是研究其未来空间格局演变的先决条件，常见的 CA 模型更侧重于模型程序或规则的改进，采用的 PLUS 模型中的 LEAS 模块只分析每个变化的土地利用类型的生长斑块来获得所有用地类型的转移规则，有效地简化了土地利用的分析程序。LEAS 模块是将不同时期的土地利用数据作为其分析策略的数据来源，通过叠加分析以提取发生变化的栅格单元，这些栅格单元代表了每种土地利用类型的变化区域。采用随机森林分类方法对发生变化的区域进行采样，可以获取土地利用变化的驱动因素大小和各类土地利用类型的发展概率。在分析一种土地利用类型的扩张与驱动因素之间的关系时，可以使用标签“1”标记该类型扩张区域的样本，其他区域的样本则标记为“0”，从而构建训练数据集。通过这种方式，可以重建各个驱动因素在同一位置上的多个值，用于训练数据挖掘算法。通过对训练数据集的分析和挖掘，可以获得每个土地利用类型的转换规律和相关驱动因素。

2. 随机森林分类

LEAS 将每种土地利用类型的转换规则转化为二元分类问题。LEAS 模块采用随机森林分类算法来分析各类影响因子对每种土地利用类型转换的驱动力。RFC 算法是一种基于决策树的集成分类器，它是通过从原始训练数据集中提取随机样本构建每个子数据集，并在每个子数据集上构建决策树来实现的。RFC 算法能够处理高维数据以及变量之间的多重共线性，最终输出 i 单元土地利用类型 k 的增长概率 $P_{i,k}^{d}(x)$，计算公式如下：

$$P_{i,\ k}^{d}(\boldsymbol{x}) = \frac{\sum_{n=1}^{M} I[h_n(\boldsymbol{x}) = d]}{M} \tag{6-1}$$

式中，d 的值为 0 或 1；值为 1 表示有其他土地利用类型转换为土地利用类型 k，而值为 0 表示其他转变；$\boldsymbol{x}$ 为多个驱动因素构成的向量；$I(\cdot)$ 为决策树集合的指示性函数；$h_n(\boldsymbol{x})$ 为向量 $\boldsymbol{x}$ 的第 n 个决策树的预测类型；M 为决策树的总数。

二、基于多类型随机斑块种子的 CA 模型

CARS 模块是基于土地利用的多类型随机斑块种子的补丁生成机制的 CA 模型，是一个集成“自上而下”（宏观需求）和“自下而上”（地方竞争）原则的情景驱动的土地利用模拟模型。

1. 宏观需求与地方竞争之间的关系

计算土地利用类型 k 的总体概率公式为：

$$OP_{i,k}^{d=1,t} = P_{i,k}^{d=1} \cdot \Omega_{i,k}^{t} \cdot D_k^t \tag{6-2}$$

式中，$OP_{i,k}^{d=1,t}$ 为单元 i 处土地利用类型 k 的增长概率；$\Omega_{i,k}^{t}$ 为单元 i 的邻域效应，即土地利用类型 k 在下一邻域内的覆盖比例；D_k^t 为自适应驱动系数，会影响土地利用类型 k 的未来需求，受迭代次数 t 的影响，表示当前 k 的数量与其目标需

求之间的差距。

2. 基于降序阈值的多类型随机斑块种子

PLUS 模型使用基于降序阈值的多类型随机斑块播种机制计算总体概率，并利用蒙特卡洛方法计算各土地利用类型在邻域效应上发生变化的“种子”。通过这种方式，PLUS 模型可以模拟不同土地利用斑块的演变过程，公式如下：

$$OP_{i,k}^{d=1,t}=\begin{cases}P_{i,k}^{d=1}\cdot(r\times u_k)\cdot D_k^t, & \Omega_{i,k}^t=0,\ r<P_{i,k}^{d=1}\\ P_{i,k}^{d=1}\cdot\Omega_{i,k}^t\cdot D_k^t, & \text{其他}\end{cases} \tag{6-3}$$

式中，r 为一个 0 和 1 之间的随机数；u 为地类 k 新生成斑块的阈值，由模型使用者设定。为了控制多种土地利用斑块的生成，PLUS 模型提出了竞争过程的阈值下降规则，以限制所有用地类型的有机增长和自发增长。在每轮竞争中，如果新的用地类型 c 获胜，则采用递减阈值 τ 对其进行评估，结果如下：

$$\text{if}\sum_{k=1}^{N}|G_c^{t-1}|-\sum_{k=1}^{N}|G_c^{t}|<\text{Step Then},\ l=l+1$$

$$\begin{cases}\text{Change } P_{i,c}^{d=1}>\tau \text{ and } \mathrm{TM}_{k,c}=1\\ \text{No change } P_{i,c}^{d=1}\leqslant\tau \text{ or } \mathrm{TM}_{k,c}=0\end{cases}\quad \tau=\delta^l\times rl \tag{6-4}$$

式中，Step 为 PLUS 模型拟合土地利用需求的步长；$\mathrm{TM}_{k,c}$ 为转移矩阵，用于规定地类 k 能否转换为土地利用类型 c；δ 为下降阈值 τ 的衰减系数，取值范围为[0, 1]，具体大小由专家设置；l 为衰减步数；rl 为均值为 1 的正态分布随机数，取值范围为[0, 1]。

第三节　模拟结果与精度评价

一、自然-经济-区位三维驱动下土地利用演变

以 2010 年与 2020 年两期土地利用数据为基础，根据宝鸡市实际情况，选取了 14 项影响土地利用变化的驱动因素。总体来说，自然因素，海拔、坡度、地

形起伏度是土地利用基础性条件，例如宝鸡市南部由于地形复杂、生态脆弱，封山育林和退耕还林工作在该区域是重点工作，由于人类活动相对较少，农业空间容易向生态空间转换。社会经济是土地利用格局演变的主导驱动因子，第一产业的发展会加快农业用地的扩张，第二、第三产业的发展会促使城镇生活用地面积增加。地理位置是重要的驱动因子，便捷的地理区位会增加人口的流动从而加快城镇的发展。

因此选取海拔、坡度、地形起伏度、年平均气温、年平均降水量、人口密度、GDP、距铁路距离、距高速距离、距其他主要公路距离、距市政府距离、距区/县政府距离、距河流距离、土壤类型 14 项影响因子。在进行分析前，对这些影响因子进行空间化，得到各驱动因子的空间分布，如图 6-1 所示。

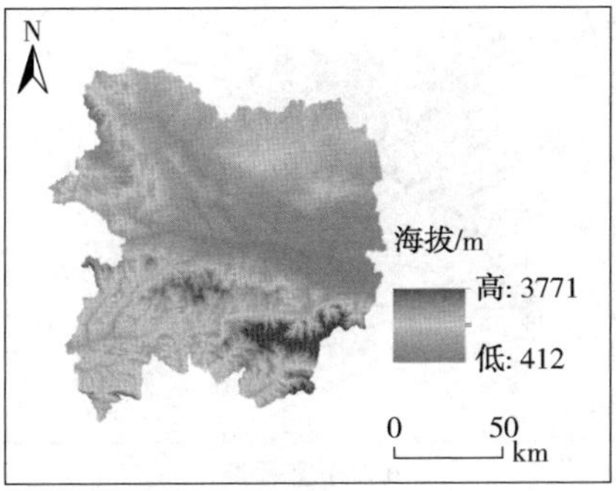

(a)海拔

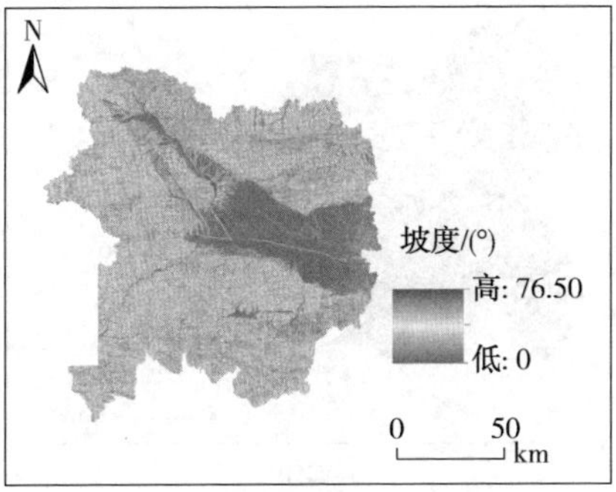

(b)坡度

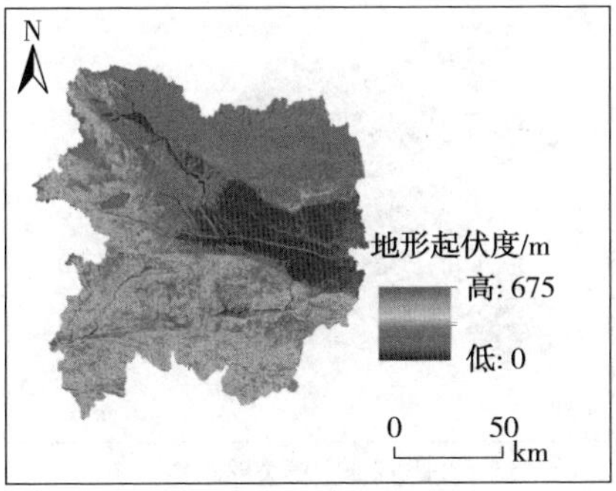

(c)地形起伏度

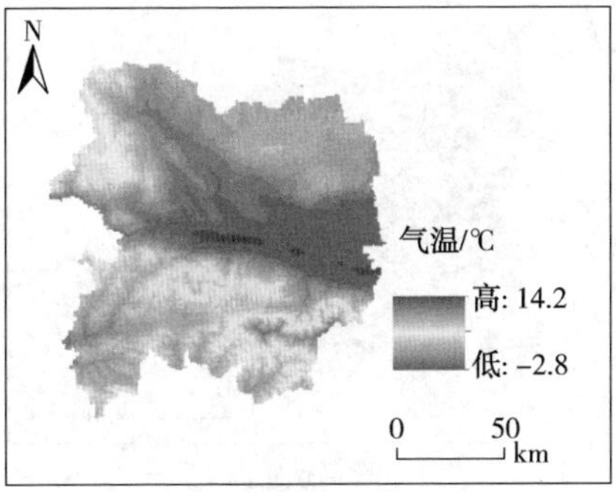

(d)年平均气温

图 6-1 宝鸡市土地利用变化影响因子分布特征

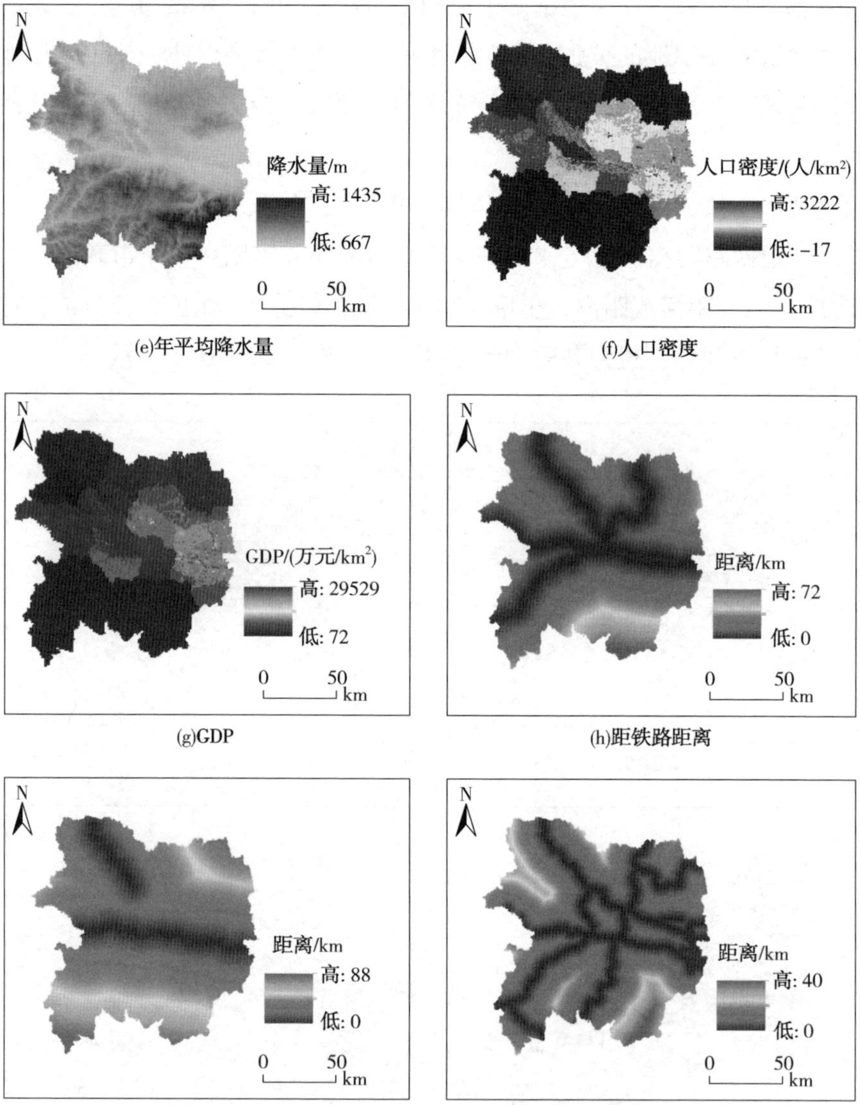

(e)年平均降水量　(f)人口密度

(g)GDP　(h)距铁路距离

(i)距高速距离　(j)距其他主要公路距离

图 6-1　宝鸡市土地利用变化影响因子分布特征(续)

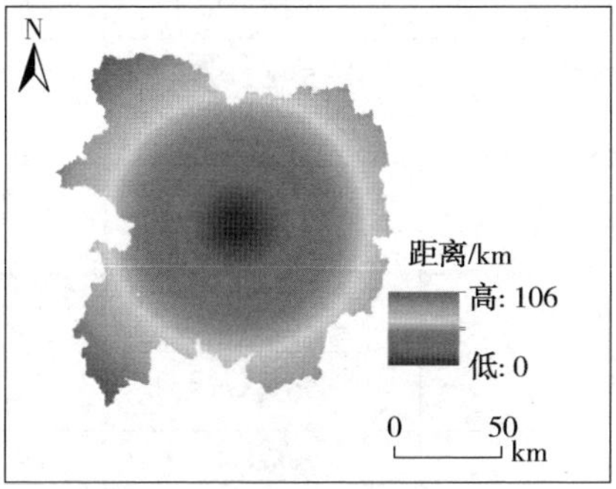

(k)距市政府距离

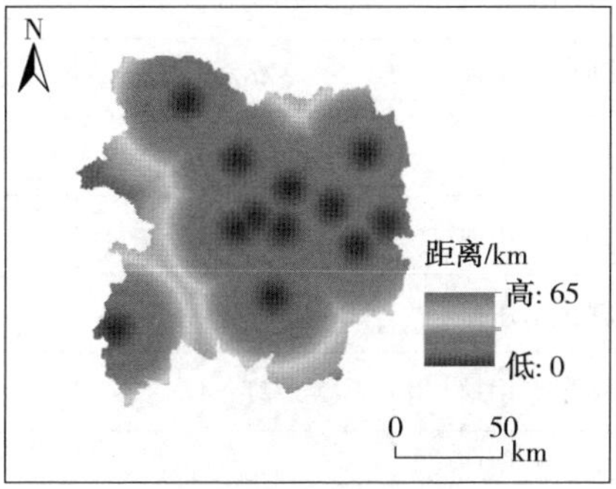

(l)距区/县政府距离

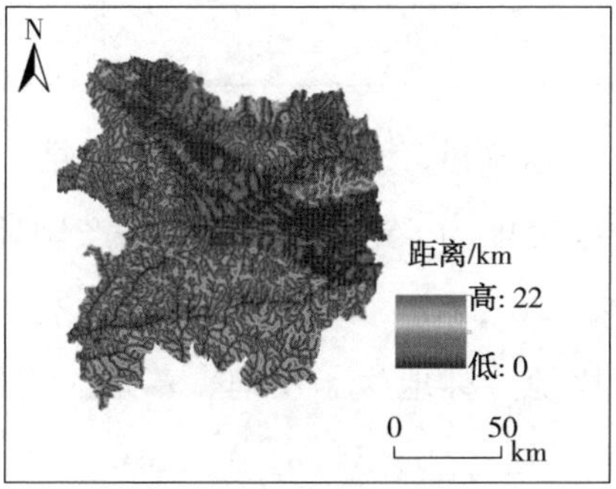

(m)距河流距离

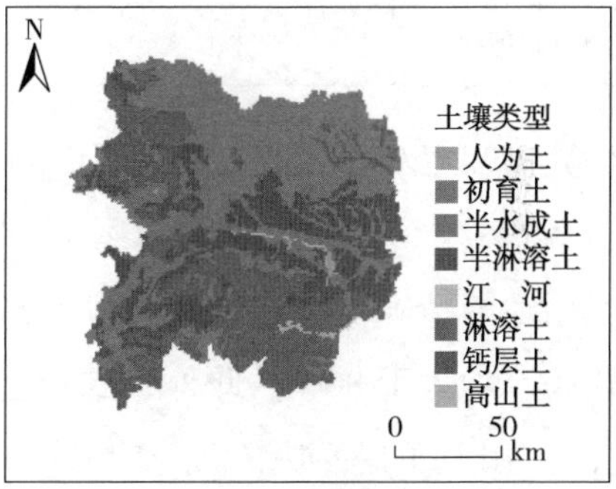

(n)土壤类型

图 6-1 宝鸡市土地利用变化影响因子分布特征(续)

二、模拟结果的精度验证与可靠性评估

将 PLUS 模型的采样率设定为 10%，回归树的数目设定为 100，邻域设定为 3，得到模拟的 2020 年宝鸡市自然发展下的各地类的空间分布，将其栅格数量与 2020 年宝鸡市实际的各地类栅格数量于 ArcGIS 软件中进行比较，得出各地类栅格模拟正确的个数，以检验模拟的数量精度。

1. 数量精度验证

宝鸡市 2020 年土地利用实际栅格数量与模拟栅格数量对比如表 6-1 所示。

表 6-1　宝鸡市 2020 年土地利用实际栅格数量与模拟栅格数量对比

土地利用类型	2020 年实际数量/个	2020 年模拟数量/个	模拟正确数/个	精确度/%
农业生产用地	5462041	5185461	5109215	93.54
工矿生产用地	71499	55873	49513	69.25
城镇生活用地	89090	742249	62663	70.34
农村生活用地	359137	343395	321382	89.49
林地生态用地	7214542	7120841	7036574	97.53
草地生态用地	6768460	6523704	6395890	94.50
水域生态用地	163204	157241	148261	90.84
其他生态用地	5371	4580	4351	81.01

计算可知宝鸡市未来土地利用模拟总体精确度较高，2020 年模拟结果总体精度为 94.9%。不同土地利用类型的平均精确度为 85.81%，工矿生产用地、城镇生活用地的精确度较低，分别为 69.25%、70.34%。其他类型的土地利用模拟精度较高，均大于 80%。此外，农业生产用地、林地生态用地、草地生态用地、水域生态用地的模拟精度较高，分别达到了 93.54%、97.53%、94.50%、90.84%。由此可见，采用 PLUS 模型的模拟精度较高。工矿生产用地和城镇生活用地模拟精度较低的主要原因是这两种用地类型分布较为零散。

2. 空间分配精度

在进行分类精度评价时，不同的评价方法各有其精度划分准则和内涵。Kappa 系数是一种评估栅格数据集在时间和空间上变化及其方向准确性的常用方法，广泛用于评估影像分类结果相对真实物体的识别准确度。采用 Kappa 系数对模拟结果的空间分布的精确度进行检测，具体公式如下：

$$\text{Kappa}=\frac{p_o-p_c}{1-p_c} \tag{6-5}$$

式中，p_o 为每一类正确分类的样本数量之和除以总样本数，也就是总体分类精度；p_c 为随机条件下期望的模拟结果正确的比例。

当总体分类精度和 Kappa 系数越接近于 1 时，模拟精确度越高，若 Kappa 系数大于 0. 80，则意味着模拟用地和实际用地之间一致性较高、模拟结果较好、可信度较高。Kappa 系数与模拟效果关系如表 6-2 所示。

表 6-2　Kappa 系数与模拟效果关系

Kappa 系数	0. 00~0. 20	0. 20~0. 40	0. 40~0. 60	0. 60~0. 80	0. 80~1. 00
模拟效果	极低	一般	中等	较高	高

以 2010 年土地利用分布图作为模拟基准，在 PLUS 模型中运行得到 2020 年土地利用模拟分布。将宝鸡市 2020 年实际土地利用分布格局和 2020 年模拟结果进行对比，宝鸡市依据 PLUS 模型模拟的土地利用分布与现实的空间分布一致性较高，如图 6-2 所示。在模拟结果的基础上，对 2020 年宝鸡市实际的土地利用数据进行采样，以评估模拟结果的可靠性。通过建立模拟的栅格结果与实际的空间分布之间的混淆矩阵，计算土地利用模拟 Kappa 系数，Kappa 系数计算结果为 0. 925，远高于 0. 80。结果显示，PLUS 模型具有较高的模拟精确度，能够很好地反映出宝鸡市土地利用结构发展情况，可以用来进行宝鸡市未来不同情景下的土地利用模拟。

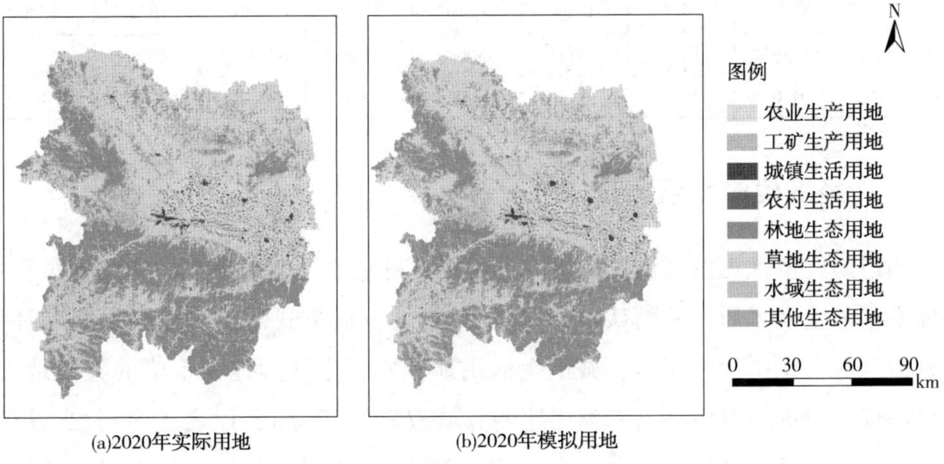

图 6-2　2020 年土地利用模拟结果与实际用地对比图

第四节　多情景方案的土地利用结构设置

一、自然发展情景

自然发展情景指在没有政策和规划限制的情况下，土地利用结构和布局按历史惯性自然发展变化。该情景依照 2010—2020 年土地利用类型的变化规律来进行研究。利用马尔可夫链预测宝鸡市 2030 年自然发展情景下土地利用类型的像元数量。这个情景假定各用地类型不会受到外部条件的干扰，也就是不考虑用地政策和市场经济的干涉，将未来土地利用发展限制在已有轨迹上，是一种理想化的土地利用发展模式，是对宝鸡市进行其他情景下的土地利用变化模拟的基础。在 PLUS 模型中，继续沿用 2010—2020 年的土地利用变化趋势，采用如表 6-3 所示的邻域权重，对宝鸡市 2030 年土地利用分布进行预测。

表 6-3　自然发展情景下宝鸡市 2030 年土地利用需求参数设置

参数	农业生产用地	工矿生产用地	城镇生活用地	农村生活用地	林地生态用地	草地生态用地	水域生态用地	其他生态用地
预测像元	5319828	113317	97637	350609	7192517	6884421	168927	6103
邻域权重	0.6	0.7	0.7	0.7	0.4	0.2	0.2	0.1

二、经济优先发展情景

通过对经济优先发展情景的设置，可以更好地掌握宝鸡市在高速发展过程中可能面临的空间矛盾，从而认识到“唯 GDP”的发展方式导致的社会发展和环境承载力问题。工矿生产用地、城镇生活用地和农村生活用地为重要的经济地类，在经济优先发展情景中将这三类用地的邻域权重提高为 1，以表达为第二、第三产业发展。在转移条件矩阵中，将工矿生产用地、城镇生活用地和农村生活用地向其他地类的转移概率减小 30%，农业生产用地、林地生态用地、草地生态用地转换为工矿生产用地、城镇生活用地和农村生活用地的概率提升 20%，得到 2030 年宝鸡市经济发展情景下的土地利用结构。经济优先发展情景下的土地利用需求参数设置，如表 6-4 所示。

表 6-4　经济优先发展情景下宝鸡市 2030 年土地利用需求参数设置

参数	农业生产用地	工矿生产用地	城镇生活用地	农村生活用地	林地生态用地	草地生态用地	水域生态用地	其他生态用地
预测像元	5569205	123428	102677	366439	7161739	6643435	160519	5912
邻域权重	0.7	1.0	1.0	1.0	0.4	0.3	0.2	0.1

三、生态优先发展情景

宝鸡市境内渭河穿城而过，是当地人生产生活和工业发展的重要水源地，境内有太白山、紫柏山、陕西陇县秦岭细鳞鲑国家级自然保护区、陕西太白湑水河珍稀水生生物国家级自然保护区、黄柏塬原生态风景区等，因此必须建立区域生态保护模式，在此基础上划定生态红线，以确保区域的生态安全。在生态优先发展情景下，为了加强区域的生态保护，基于对宝鸡市发展政策的调查，对具有重要生态环境影响的林地、草地、水域等区域应该严格保护，禁止在这些区域进行大规模的开发与利用。制定具体的转移规则如下：将林地生态用地、草地生态用地向工矿生产用地、城镇生活用地和农村生活用地的转移概率减小 50%，农业生产用地向工矿生产用地、城镇生活用地和农村生活用地的转移概率减小 30%，农业生产用地、草地生态用地向林地生态用地的转移概率增加 30%。按此规则设定宝鸡市生态优先发展情景下的用地需求参数，如表 6-5 所示。

表 6-5　生态优先情景下宝鸡市 2030 年土地利用需求参数设置

参数	农业生产用地	工矿生产用地	城镇生活用地	农村生活用地	林地生态用地	草地生态用地	水域生态用地	其他生态用地
预测像元	5333542	99083	93194	342089	7240026	6850398	168925	6102
邻域权重	0.2	0.4	0.4	0.4	1.0	0.9	0.2	0.1

第五节　多情景土地利用冲突模拟

一、多情景土地利用格局的模拟构建

基于2020年宝鸡市土地利用栅格数据，利用2010—2020年各用地类型发展概率，依据上文设置的预测参数，在PLUS模型中进行模拟，获取了宝鸡市2030年自然发展情景、经济优先发展情景和生态优先发展情景下的土地利用分布。进一步使用ArcGIS软件制作出不同情景下的土地利用分布模拟，如图6-3所示，并对宝鸡市土地利用类型面积及变化量进行统计，如表6-6所示。

表6-6　2030年宝鸡市各情景下土地利用面积及变化量

单位：km^2

土地利用类型	2020年	2030年			2020—2030年土地利用变化量		
		自然发展	经济优先	生态优先	自然发展	经济优先	生态优先
农业生产用地	4915.44	4786.63	4762.70	4808.22	−128.81	−152.74	−107.22
工矿生产用地	64.31	102.17	111.36	89.13	37.86	47.05	24.82
城镇生活用地	80.17	87.83	92.42	83.90	7.66	12.25	3.73
农村生活用地	324.63	313.12	327.72	305.52	−11.51	3.09	−19.11
林地生态用地	6494.01	6467.61	6466.43	6518.20	−26.40	−27.58	24.19
草地生态用地	6089.89	6211.87	6208.75	6159.31	121.98	118.86	69.42
水域生态用地	146.76	145.92	145.78	152.43	−0.84	−0.98	5.67
其他生态用地	4.84	4.90	4.89	3.33	0.06	0.05	−1.51

由图6-3和表6-6可知，在三种情景下，2030年宝鸡市土地利用结构整体上以农业生产用地、林地生态用地、草地生态用地为主，各土地利用类型都发生了不同的变化，但变化规模有显著差异，农业生产用地面积总体减少，工矿生产

用地、城镇生活用地和草地生态用地面积有所增加，不同情景下农村生活用地、水域生态用地和其他生态用地面积变化各不相同。

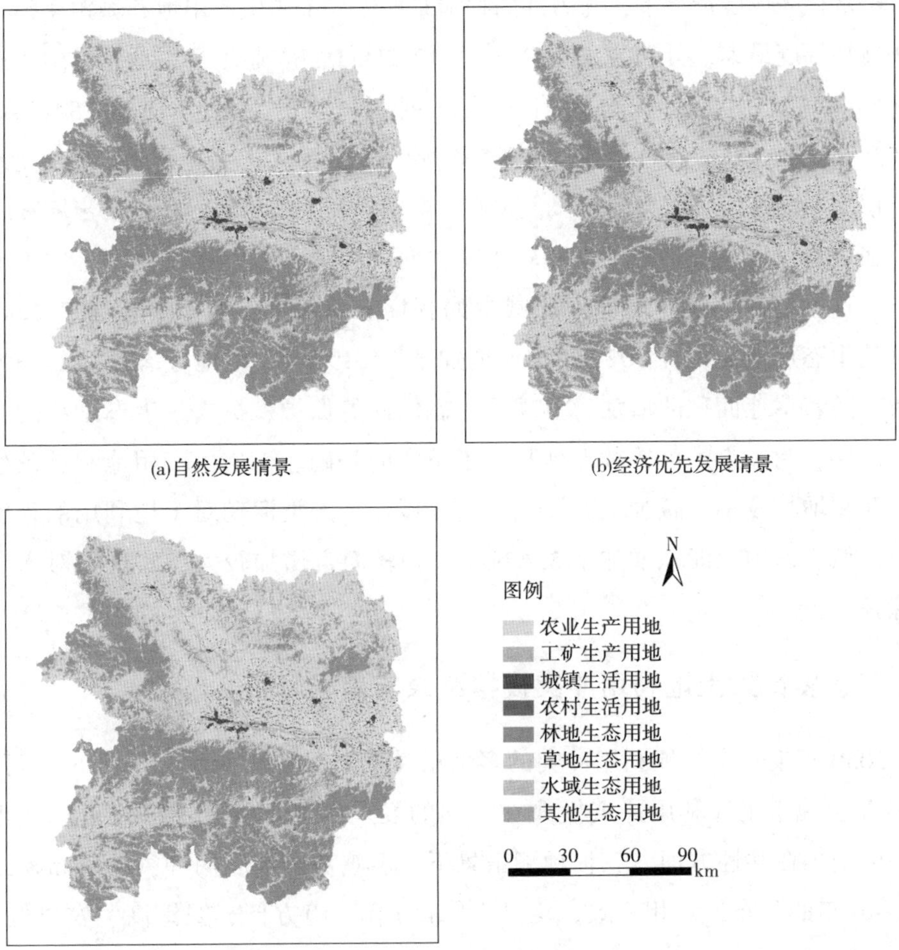

(a)自然发展情景　(b)经济优先发展情景　(c)生态优先发展情景

图 6-3　2030 年宝鸡市各情景下土地利用模拟

自然发展情景下，各土地利用类型按其历史轨迹发展变化。草地生态用地面积增加较为显著，相较于 2020 年，增加了 121.98km²；工矿生产用地面积增加了 37.86km²；农业生产用地面积则减少幅度较大，减少了 128.81km²；林地生态用地和农村生活用地面积分别减少了 26.40km² 和 11.51km²。结合宝鸡市自然发展情景下土地利用模拟可知，工矿生产用地和城镇生活用地面积在2020年的基础上持续扩张，不断占用城市近郊的农业生产用地和草地生态用地面积。

经济优先发展情景下，与另外两种情景相比，工矿生产用地和城镇生活用地面积增加幅度最大，分别为47.05km^2和12.25km^2；农业生产用地、林地生态用地和水域生态用地面积分别有不同程度的减少，面积分别为152.74km^2、27.58km^2和0.98km^2。在经济优先发展情景下，工矿生产用地和城镇生活用地进一步侵占周围其他用地类型面积，农业生产用地和生态用地面积进一步缩减。

在生态优先发展情景下，相较于其他两种情景，在发展过程中考虑了生态因素。这种情景下农业用地面积减少的程度有所缓和，仅减少了107.22km^2，而林地生态用地面积和2020年相比增加了24.19km^2。草地生态用地面积增幅最大，随着草地面积的增加，实现了生态用地的保护，提高了生态系统的弹性和适应性，为城市的可持续发展打下了坚实的基础。工矿生产用地和城镇生活用地面积增加较小，减少了对周围土地的侵占，人类活动对土地利用的程度较低。水域生态用地面积增加了5.67km^2，相较而言增加较大，实现了对水资源的保护。

二、多情景土地利用冲突模拟结果与差异解析

2030年宝鸡市土地利用冲突的多情景模拟如图6-4所示。由图6-4可知，2030年宝鸡市土地利用冲突模式在不同的发展情景下存在共同之处，但也有一些区别。在共性方面，三种预测情景下，宝鸡市土地利用冲突的分布模式与过去40年的分布特点相一致，均具有“北方高、南方低、城镇高、农村低”的特点。这说明土地利用冲突在发展过程中有一定的空间依赖性和滞后性。土地利用冲突由人类利益矛盾引发，而人类干扰方式影响土地利用冲突时也会受到历史条件和自然环境的制约。由于人类在区域内的经济活动相互联系，再加之地貌形态、水源地等条件的局限，这就意味着宝鸡市的高冲突地区，很难越级扩张到南方山区的低冲突区域，而仅能从现有的高冲突地区扩张到周围中等冲突的平原地区。

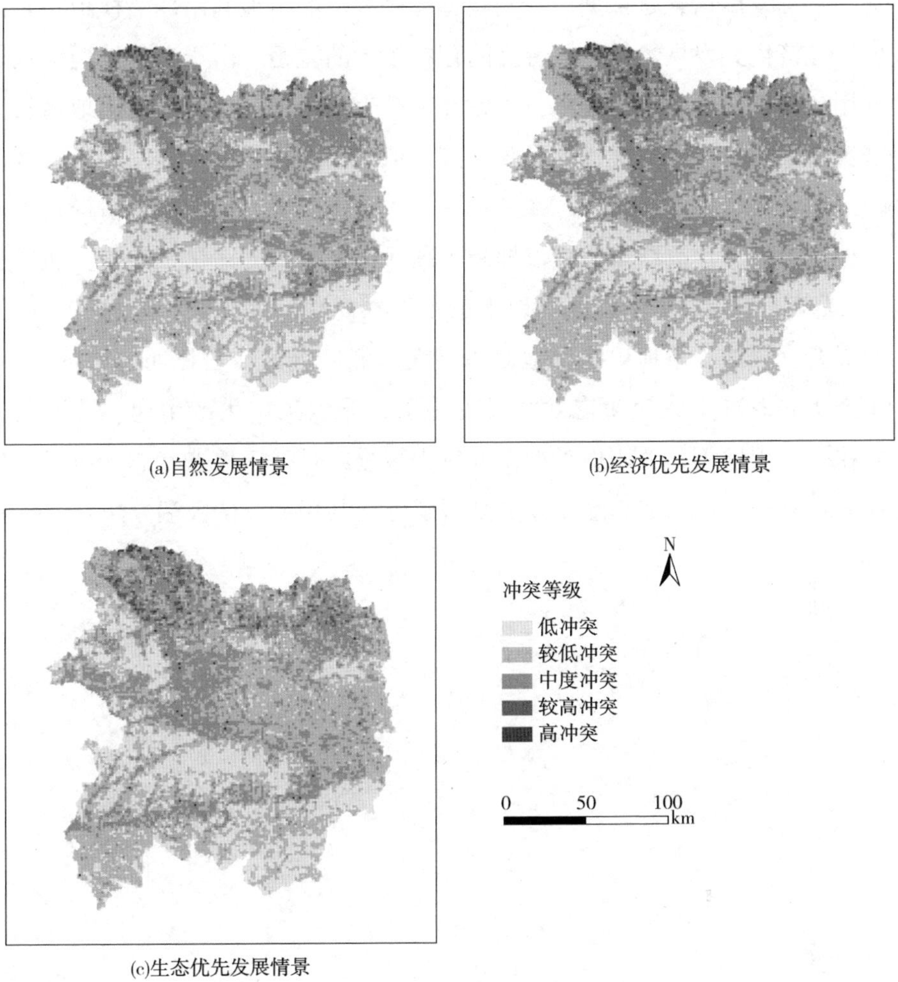

图 6-4 2030 年宝鸡市土地利用冲突的多情景模拟

从差异的角度分析，经济优先发展情景下，土地利用冲突强度最大，高冲突区域所占面积比例最大，低冲突区占比最小。由于经济优先发展情景下的土地利用变化模拟了经济利益最大化场景下的土地利用冲突格局，导致大量农业生产用地和林地生态用地迅速转换为了工矿生产用地和城镇生活用地，这两种用地类型所占的比例有明显的提升，从而导致高冲突区域的无序扩张和蔓延趋势。特别是以金台区为核心的中心城区周边，高冲突区域呈现出集中、连片、向外扩张的发展态势。自然发展情景是依据历史发展趋势概率下的土地利用冲突模拟，其冲突程度弱于经济优先发展情景，二者之间存在较大的差距。由于自然发展情景下的土地利用变化以历史轨迹为准则，导致其工矿生产用地和城镇生活用地增长无法像经济优先发展情景下那样优先扩张，其土地利用结构和冲突程度相对经济优先发展情景而言更加稳定、缓和。在三种模拟情景中，生态优先发展情景是土地利用冲突控制最好的预测结果，不仅抑制了高冲突区域的无序扩张趋势，还通过退耕还林/还草等举措使秦岭山区林地生态用地景观蔓延度提升，宝鸡市植被覆盖率大幅提升，林地、草地生态用地面积最大，低冲突区域占比明显增加。然而，由于生态优先发展情景对生态效益过度追求，导致工矿生产用地、城镇生活用地、农村生活用地等其他用地类型发展较为缓慢或是处于停滞状态，所以，生态优先发展情景是一种以放弃经济发展来缓解土地利用冲突的极端方法。

第七章

宝鸡市用地时空变迁、冲突特征及区域协同发展新探

第一节　宝鸡市土地利用时空特征、冲突分布及多情景优化

当前，宝鸡市正处于开展土地利用规划的新时期，宝鸡市所处的特殊区位决定了其面临着土地利用开发与保护方面的矛盾，因此要通过科学又可行的规划和管理措施来解决这一矛盾，以确保经济社会快速发展的前提下，实现国土资源的有效利用和生态环境的有效保护。以1980—2020年为主要研究时段，构建宝鸡市土地利用格局研究框架，开展土地利用时空变迁、景观格局特征变化、土地利用冲突分布特征、多情景土地利用模拟与空间冲突预测的研究。梳理出宝鸡市土地利用存在的主要问题，从宝鸡市视角提出土地利用优化对策。得到以下主要结论。

1980—2020年宝鸡市土地利用开发在水平和垂直方向上存在明显的分布特点，时空变化具有一定的相似性与差异性。从土地利用格局演变的空间特点来看，空间分异明显，城镇空间主要分布于各区县政府的周边，农业空间主要分布在渭河平原和山区平缓处，生态空间分布在高海拔山区。40年间宝鸡市城镇生活空间扩张显著，农业生产空间和生态空间大幅度缩小，但生态空间仍是其最主要的空间类型，生产空间次之，生活空间最小。从地形特征来看，土地利用在地形梯度上分异显著，以海拔1300m、坡度12°、地形位指数0.5为阈值，阈值以下农业生产空间、城镇生活空间和农村生活空间竞争较为激烈；阈值以上生态用地分布较多。从二级土地利用转移来看，农业用地转出面积最大，主要变更为草地生态用地。其次是草地生态用地，也是最主要的转入农业生产用地的地类。在研究期间，农村生活用地面积增加幅度最大，宝鸡市乡村振兴进展较好。

采用量化指标分析景观格局及其变化，以推断景观破碎化程度。景观指标的分析是在类型和区域两个尺度上进行的。这种分析的结果提供了对土地利用

结构变化趋势的深入理解。农业生产用地的PD值最大，其次是林地；草地PD值在研究期间波动变化。草地生态用地、农业生产用地和林地生态用地的ED显著大于其他土地利用类型。农村生活用地的SHAPE_MN和FRAC_MN在所有土地利用类型中最小。太白县CONTAG值较高，而SHDI值和SHEI值低于其他区县。

宝鸡市用地冲突类别主要为低冲突、较低冲突和中度冲突，这三类占空间单元个数的90%以上，构成了宝鸡市土地利用冲突类别的主要部分，土地利用冲突相对较为缓和。土地利用冲突在地域上表现出显著的南北差异，与宝鸡市高程的空间分布特征耦合度较高，高程较低的区域冲突值较高，空间冲突整体表现出“北高南低”的分布特征。2010年整体上宝鸡市土地利用冲突聚集效应较低。其他年份的空间聚集效应较高，说明在该时段宝鸡市用地冲突空间相关性较高。1980—2020年间，虽然宝鸡市内部区域的用地类型发生了较大变化，但整个城市的土地利用冲突局部空间特征和内部空间关系表现基本稳定。

模拟宝鸡市2030年自然发展情景、经济优先发展情景和生态优先发展情景下的土地利用分布格局。总体来看，不同情景下2030年宝鸡市农业生产用地、林地生态用地的面积整体减小，工矿生产用地和城市生活用地面积增加。自然发展情景下，各土地利用类型按历史概率发展。经济优先发展情景下，城市生活用地沿着中心城区向周边位置扩张，相比于其他两种发展情景，工矿生产用地和城市生活用地面积扩张范围最大。生态优先发展情景下，由于限制了对生态空间的占用，与其他两种情景相比，农业生产用地、林地生态用地的下降幅度有所缓和，建设用地面积涨幅明显减小。依据模拟的三种不同情景土地利用格局分析空间冲突，三种模拟情景下的土地利用冲突分布格局与近40年的空间冲突分布特征大致相同，都呈现出了“北高南低”的分布特点。经济优先发展情景是土地利用冲突程度最为严峻的模拟结果，自然发展情景的土地利用结构和冲突程度相对经济优先发展情景而言更加稳定、缓和。生态优先发展情景是三种场景中土地利用冲突控制效果最好的模拟结果。

第二节　宝鸡市土地利用开发困境与区域协同优化路径展望

宝鸡市空间开发存在多维矛盾，山地丘陵地区土地利用率较低，中心城区所处的渭河平原空间冲突严重，渭河两岸发展产业带来的环境保护压力较大；同时，宝鸡市为实现产业提升和发展重心的转移，从而带动城市交通区位的改善，也会对土地利用产生新的需求。宝鸡市空间开发适宜区存量较大，潜力充足。然而，宝鸡市渭河生态环境保护升级也带来了许多严峻挑战，同时，高山丘陵区地形起伏较大，地貌复杂，土地利用和开发受到很大的限制。宝鸡市在空间开发利用方面所面临的问题是如何平衡发展和保护之间的矛盾。在历史上，宝鸡市曾经面临过资源过度开采、环境污染等问题，现在，该地区需要考虑如何更好地保护生态环境，促进可持续发展。类似于宝鸡市以山地丘陵为主的关中平原城市群内部其他城市，其土地利用开发也面临着类似的矛盾。在未来的研究中，需要深入探讨如何权衡各个利益相关者的需求，设计出一套适合该地区的发展模式。这个模式需要重视绿色发展、生态文明建设以及区域转型发展，尊重区域发展的诉求，同时遵循科学规划，注重环保效益，并具有长期可持续性。以期为其他城市的发展提供参考。

土地利用规划和管控是我国长期发展的重要组成部分，为实现可持续发展目标提供了基础支撑。然而，目前还存在许多亟须解决的问题。其中，缺乏法定的基础空间管控单元是一个制约因素。如果要进行有效的土地利用规划和管控，需要建立全面、标准的空间数据库，例如包含地形、土地利用、人口等各种地理信息数据的数据库，需要遵循一套统一的标准和规范，以确保数据的准确性和可比性。目前土地利用优化和管控仍然以政策和限制为主，未能充分重视“自下而上”的自我优化。未来需要进一步研究“自下而上”优化的推动作用，促进区县层面的优化，并通过激励或补偿等方式提高其效力。随着城市化和工业化快速发展，土地利用定位和规划需要重新审视。土地利用规划不仅要考虑现实情况，也要在定位和规划时重新思考，以适应新的发展模式和需求，使其符合当前的实际情况和未来的发展趋势要求。此外，还需要通过建立土地利用监测、评估和预警机制等手段，加强对国土资源的保护和管理，实现土地利用优化、经济发展和生态环境保护的协同发展。这些问题的解决需要跨学科的研究和合作，需要包括地理信息科学、城市规划、环境科学等领域的专业知识和技术的整合，以及政府、企业和公众的积极参与。

参 考 文 献

[1] 孙施文．国土空间规划的知识基础及其结构[J]．城市规划学刊，2020，260(06)：11-18.

[2] 匡文慧．新时代国土空间格局变化和美丽愿景规划实施的若干问题探讨[J]．资源科学，2019，41(1)：23-32.

[3] 蔡晓梅，苏杨，吴必虎，等．生态文明建设背景下中国自然保护地发展的理论思考与创新实践[J]．自然资源学报，2023，38(4)：839-861.

[4] 许景权，沈迟，胡天新，等．构建我国空间规划体系的总体思路和主要任务[J]．规划师，2017，33(2)：5-11.

[5] 樊杰．我国国土空间开发保护格局优化配置理论创新与“十三五”规划的应对策略[J]．中国科学院院刊，2016，31(1)：1-12.

[6] 李全宝．园地和残次林地开发关键问题研究——以江苏省新沂市为例[J]．中国国土资源经济，2019，32(6)：53-58+88.

[7] 谈明洪，李秀彬，吕昌河．20 世纪 90 年代中国大中城市建设用地扩张及其对耕地的占用[J]．中国科学(D 辑：地球科学)，2004(12)：1157-1165.

[8] 肖德明，牛利斌．关于农垦国有土地使用权确权登记工作的探讨[J]．测绘与空间地理信息，2022，45(4)：247-249+252.

[9] 丁俊华，蔡继明．现行土地制度对我国城市化进程的制约及因应之策[J]．河南大学学报(社会科学版)，2022，62(1)：14-20+152.

[10] 刘琼，吴斌，欧名豪，等．土地利用总体规划与城市规划冲突的利益关系及协调——基于规划管理者和规划编制者的问卷调查和深度访谈[J]．中国土地科学，2014，28(4)：3-9.

[11] 魏伟，缪江波，夏俊楠，等．湖北省长江经济带沿岸地区“三区空间”演化特征及机制分析(2010—2017)[J]．经济地理，2020，40(2)：132-142.

[12] 李凯，侯鹰，付奇，等．都市圈“三生空间”协同变化及其对生态系统服务的影响[J]．水土保持研究，2023，30(3)：430-439.

[13] 朱媛媛，余斌，曾菊新，等．国家限制开发区“生产—生活—生态”空间的优化——以湖北省五峰县为例[J]．经济地理，2015，35(4)：26-32.

[14] 陈理庭，蔡海生，张婷，等．基于 markov-flus 模型的饶河流域土地利用多情景模拟分

析[J]. 生态学报，2022，42(10)：3947-3958.

[15] 倪绍祥，刘彦随. 区域土地资源优化配置及其可持续利用[J]. 农村生态环境，1999(2)：9-13+22.

[16] 时振钦，邓伟，张少尧. 近25年横断山区国土空间格局与时空变化研究[J]. 地理研究，2018，37(3)：607-621.

[17] 李欣，方斌，殷如梦，等. 江苏省县域"三生"功能时空变化及协同/权衡关系[J]. 自然资源学报，2019，34(11)：2363-2377.

[18] 王全喜，孙鹏举，刘学录，等. 黄土丘陵沟壑区"三生"空间的功能权衡与协同时空格局分析——以武山县为例[J]. 中国农业资源与区划，2020，41(11)：122-130

[19] 陈佑启，Peter H. Verburg. 中国土地利用/土地覆盖的多尺度空间分布特征分析[J]. 地理科学，2000(3)：197-202.

[20] Wiatkowska B，Słodczyk J，Stokowska A. Spatial-temporal land use and land cover changes in urban areas using remote sensing images and gis analysis：The case study of opole，poland [J]. Geosciences，2021，11(8)：312.

[21] Scăunas S，Păunescu C，Merciu G L. Spatial-temporal analysis of land cover and use changes using gis tools. Case study băneasa neighborhood，bucharest[J]. Journal of Applied Engineering Sciences，2019，9(2)：187-194.

[22] Hermosilla-Palma K，Pliscoff P，Folchi M. Sixty years of land-use and land-cover change dynamics in a global biodiversity hotspot under threat from global change[J]. Journal of Land Use Science，2021，16(5-6)：467-478.

[23] Salem M，Tsurusaki N，Divigalpitiya P. Land use/land cover change detection and urban sprawl in the peri-urban area of greater cairo since the egyptian revolution of 2011[J]. Journal of Land Use Science，2020，15(5)：592-606.

[24] Garcia A S，Ballester M V R. Land cover and land use changes in a brazilian cerrado landscape：Drivers，processes，and patterns[J]. Journal of Land Use Science，2016，11(5)：538-559.

[25] 刘继来，刘彦随，李裕瑞. 中国"三生空间"分类评价与时空格局分析[J]. 地理学报，2017，72(7)：1290-1304.

[26] 崔家兴，顾江，孙建伟，等. 湖北省三生空间格局演化特征分析[J]. 中国土地科学，2018，32(8)：67-73.

[27] 戴文远，江方奇，黄万里，等．基于“三生空间”的土地利用功能转型及生态服务价值研究——以福州新区为例[J]．自然资源学报，2018，33(12)：2098-2109.

[28] Han Y，Yi D，Ye Y，et al. Response of spatiotemporal variability in soil ph and associated influencing factors to land use change in a red soil hilly region in southern china[J]. Catena，2022，212：106074.

[29] Fagiewicz K，Łowicki D. The dynamics of landscape pattern changes in mining areas：The case study of the adamów-koźmin lignite basin[J]. Quaestiones Geographicae，2019，38(4)：151-162.

[30] Maheng D，Pathirana A，Zevenbergen C. A preliminary study on the impact of landscape pattern changes due to urbanization：Case study of Jakarta，Indonesia[J]. Land，2021，10(2)：218.

[31] Legarreta-Miranda C K，Prieto-Amparán J A，Villarreal-Guerrero F，et al. Long-term land-use/land-cover change increased the landscape heterogeneity of a fragmented temperate forest in Mexico[J]. Forests，2021，12(8)：1099-1099.

[32] Németh G，Lóczy D，Gyenizse P. Long-term land use and landscape pattern changes in a marshland of hungary[J]. Sustainability，2021，13(22)：12664.

[33] Cervelli E，Pindozzi S. The historical transformation of peri-urban land use patterns，via landscape gis-based analysis and landscape metrics，in the vesuvius area[J]. Applied Sciences，2022，12(5)：2442.

[34] 彭建，王仰麟，张源，等．滇西北生态脆弱区土地利用变化及其生态效应——以云南省永胜县为例[J]．地理学报，2004(4)：629-638.

[35] 佟光臣，林杰，陈杭，等．1986-2013 年南京市土地利用/覆被景观格局时空变化及驱动力因素分析[J]．水土保持研究，2017，24(2)：240-245.

[36] 刘吉平，赵丹丹，田学智，等．1954—2010 年三江平原土地利用景观格局动态变化及驱动力[J]．生态学报，2014，34(12)：3234-3244.

[37] 阳文锐．北京城市景观格局时空变化及驱动力[J]．生态学报，2015，35(13)：4357-4366.

[38] 张云彬，王雲，陈静媛，等．土地利用转型影响下大别山区景观格局演变及驱动力研究——以六安市金寨县为例[J]．华中农业大学学报(自然科学版)，2022，41(3)：1-13.

[39] 周德，徐建春，王莉．近 15 年来中国土地利用冲突研究进展与展望[J]．中国土地科学，

2015，29(2)：21-29.

[40] 刘祖云，陈明．从“土地冲突”到“土地风险”——中国农村土地问题研究的理论进路[J]．中国土地科学，2012，26(8)：23-28+35.

[41] 于伯华，吕昌河．土地利用冲突分析：概念与方法[J]．地理科学进展，2006(3)：106-115.

[42] Adam Y O，Pretzsch J，Darr D. Land use conflicts in central Sudan：Perception and local coping mechanisms[J]. Land Use Policy，2015，42：1-6.

[43] Kim I，Arnhold S. Mapping environmental land use conflict potentials and ecosystem services in agricultural watersheds[J]. Science of the Total Environment，2018，630：827-838.

[44] Jiang S，Meng J，Zhu L. Spatial and temporal analyses of potential land use conflict under the constraints of water resources in the middle reaches of the heihe river[J]. Land Use Policy，2020，97：104773.

[45] Zou L，Liu Y，Wang J，et al. An analysis of land use conflict potentials based on ecological-production-living function in the southeast coastal area of China[J]. Ecological Indicators，2021，122：107297.

[46] Lin Q，Tan S，Zhang L，et al. Conflicts of land expropriation in china during 2006-2016：An overview and its spatio-temporal characteristics[J]. Land Use Policy，2018，76：246-251.

[47] Zou L，Liu Y，Wang J，et al. Land use conflict identification and sustainable development scenario simulation on China's southeast coast[J]. Journal of Cleaner Production，2019，238：117899.

[48] 樊杰，李平星．中国主体功能区划的科学基础(英文)[J]. Journal of Geographical Sciences，2009，19(5)：515-531.

[49] Li W，Wu C，Zang S. Modeling urban land use conversion of Daqing city，China：A comparative analysis of “top-down” and “bottom-up” approaches[J]. Stochastic Environmental Research and Risk Assessment，2012，28(4)：817-828.

[50] Van Vliet J，Hurkens J，White R，et al. An activity-based cellular automaton model to simulate land-use dynamics[J]. Environment and Planning B：Planning and Design，2012，39(2)：198-212.

[51] 黎夏，叶嘉安．基于神经网络的元胞自动机及模拟复杂土地利用系统[J]．地理研究，2005(1)：19-27.

[52] Li F，Li Z，Chen H，et al. An agent-based learning-embedded model(ABM-learning) for urban land use planning：A case study of residential land growth simulation in Shenzhen，China [J]. Land Use Policy，2020，95：104620.

[53] Puertas O L，Henríquez C，Meza F J. Assessing spatial dynamics of urban growth using an integrated land use model. Application in santiago metropolitan area，2010-2045[J]. Land Use Policy，2014，38：415-425.

[54] 李少英，刘小平，黎夏，等．土地利用变化模拟模型及应用研究进展[J]．遥感学报，2017，21(3)：329-340.

[55] Crooks A T. Constructing and implementing an agent-based model of residential segregation through vector GIS [J]. International Journal of Geographical Information Science，2010，24(5)：661-675.

[56] 刘春霖，夏建新．基于 LSTM-CA 模型的土地利用动态模拟[J]．自然资源遥感，2022，34(4)：122-128.

[57] 陈宝芬，张耀民，江东．基于 CA-ABM 模型的福州城市用地扩张研究[J]．地理科学进展，2017，36(5)：626-634.

[58] 林素丽，王枫．基于 PLUS 模型并顾及交通规划的广州市土地利用情景模拟与分析[J]．农业资源与环境学报，2023，40(3)：557-569.

[59] 胡丰，张艳，郭宇，等．基于 PLUS 和 INVEST 模型的渭河流域土地利用与生境质量时空变化及预测[J]．干旱区地理，2022(45)：1125-1136.

[60] 李琛，高彬嫔，吴映梅，等．基于 PLUS 模型的山区城镇景观生态风险动态模拟[J]．浙江农林大学学报，2022，39(1)：84-94.

[61] 王佳楠，张志．基于 Markov-PLUS 模型的柴北缘土地利用变化及模拟分析[J]．西北林学院学报，2022，37(3)：139-148+179.

[62] 陈竹安，刘子强，张立亭，等．南昌市 LUCC 多情景模拟和生境质量时空演变及预测[J]．农业机械学报，2023，54(5)：1-16.

[63] 冀泳帆，贾鲁净，杨联安，等．耦合 INVEST-PLUS 模型的榆林市生境质量时空演变及预测分析[J]．水土保持学报，2023，37(1)：123-132.

[64] 吴艳娟，杨艳昭，杨玲，等．基于"三生空间"的城市国土空间开发建设适宜性评价——以宁波市为例[J]．资源科学，2016，38(11)：2072-2081.

[65] 魏伟，张睿．基于主体功能区、国土空间规划、三生空间的国土空间优化路径探索[J]．城市建筑，2019，16(15)：45-51.

[66] Zhou X，Zhou Y. Spatio-temporal variation and driving forces of land-use change from 1980 to 2020 in loess plateau of northern Shaanxi，China[J]. Land，2021，10：982.

[67] Wang H，Huang L，Hu J，et al. Effect of urbanization on the river network structure in Zhengzhou city，China[J]. International Journal of Environmental Research and Public Health，2022，19(4)：2464.

[68] Yao Z，Wang B，Huang J，et al. Analysis of land use changes and driving forces in the yanhe river basin from 1980 to 2015[J]. Journal of Sensors，2021：1-11.

[69] 刘瑞，朱道林．基于转移矩阵的土地利用变化信息挖掘方法探讨[J]．资源科学，2010，32(8)：1544-1550.

[70] Yang H，Zhong X，Deng S，et al. Impact of lucc on landscape pattern in the Yangtze River basin during 2001-2019[J]. Ecological Informatics，2022，69：101631.

[71] Zhao Y，Cao J，Wang W，et al. Analysis of land use change on urban landscape patterns in northwest china：A case study of Xi′an city[J]. Open Geosciences，2022，14(1)：863-879.

[72] Luo G P，Zhou C H，Chen X，et al. A methodology of characterizing status and trend of land changes in oases：A case study of Sangong River Watershed，Xinjiang，China[J]. Journal of Environmental Management，2008，88(4)：115708.

[73] 郑治中．西安城市景观格局与热环境效应研究[D]．西安：西安工程大学，2016.

[74] 叶丽敏，胡喜生，邱荣祖．三明将乐县森林景观异质性及其分形特征[J]．吉林师范大学学报(自然科学版)，2015，36(2)：147-153.

[75] Ma X，Peng S. Research on the spatiotemporal coupling relationships between land use/land cover compositions or patterns and the surface urban heat island effect[J]. Environmental science and pollution research international，2022，29(26)：39723-39742.

[76] Kojima N，Laba M，Velez Liendo X M，et al. Causes of the apparent scale independence of fractal indices associated with forest fragmentation in Bolivia[J]. ISPRS Journal of Photogrammetry and Remote Sensing，2006(61)：84-94.

[77] 梁加乐，陈万旭，李江风，等．黄河流域景观破碎化时空特征及其成因探测[J]．生态学报，2022，42(5)：1993-2009.

[78] 俞学志，季耀波，王炼，等. 江苏条子泥垦区景观格局变化与驱动机理研究[J]. 南京师大学报(自然科学版)，2022，45(1)：55-63.

[79] 魏亚男，张元朋. 城市发展推动下的济南市景观格局变动研究——基于2007—2017年景观格局指数的分析[J]. 林业调查规划，2020，45(1)：32-36.

[80] 江颂，蒙吉军. 土地利用冲突研究进展：内容与方法[J]. 干旱区地理，2021，44(3)：877-887.

[81] Ma W，Jiang G，Chen Y，et al. How feasible is regional integration for reconciling land use conflicts across the urban-rural interface? Evidence from Beijing-Tianjin-Hebei metropolitan region in China[J]. Land Use Policy，2020(92)：104433.

[82] 廖李红，戴文远，陈娟，等. 平潭岛快速城市化进程中三生空间冲突分析[J]. 资源科学，2017，39(10)：1823-1833.

[83] 周德，徐建春，王莉. 环杭州湾城市群土地利用的空间冲突与复杂性[J]. 地理研究，2015，34(9)：1630-1642.

[84] Zhou D，Lin Z，Lim S H. Spatial characteristics and risk factor identification for land use spatial conflicts in a rapid urbanization region in China[J]. Environmental monitoring and assessment，2019，191(11)：677.

[85] 王珊珊，毋兆鹏，王娟娟，等. 新疆乌鲁木齐市“三生”用地的空间冲突研究[J]. 水土保持通报，2022，42(2)：330-337.

[86] 赵旭，汤峰，张蓬涛，等. 基于Clue-S模型的县域生产-生活-生态空间冲突动态模拟及特征分析[J]. 生态学报，2019，39(16)：5897-5908.

[87] 彭佳捷，周国华，唐承丽，等. 基于生态安全的快速城市化地区空间冲突测度——以长株潭城市群为例[J]. 自然资源学报，2012，27(9)：1507-1519.

[88] 王娟娟，毋兆鹏，王珊珊，等. 干旱区河谷绿洲土地利用冲突格局分析[J]. 自然资源遥感，2021，33(4)：243-251.

[89] 吕思雨，张金燕，毋兆鹏. 精河县绿洲土地利用及其空间冲突研究[J]. 生态与农村环境学报，2022，38(4)：428-436.

[90] 高凯，周志翔，杨玉萍. 长江流域土地利用结构及其空间自相关分析[J]. 长江流域资源与环境，2010，19(S1)：13-20.

[91] 胡丰，张艳，郭宇，等. 基于PLUS和INVEST模型的渭河流域土地利用与生境质量时空

变化及预测[J]. 干旱区地理，2022，45(4)：1125-1136.
[92] 张澔宇，史名杰，曹月娥，等. 基于 MOP-PLUS 模型的新疆阿克苏地区土地利用景观格局优化及多情景模拟[J]. 西南农业学报，2022，35(10)：2256-2264.
[93] 刘朋俊，李茜楠，李凯，等. 基于 ANN-CA 的土地利用变化模拟应用研究[J]. 地理空间信息，2020，18(10)：20-24+27+24.
[94] 牛统莉，熊立华，陈杰，等. 基于 PLUS 模型的长江流域土地利用变化模拟与多情景预测[J]. 武汉大学学报(工学版)，2024，57(2)：129-141+151.
[95] 谢向东，林孝松，王莹，等. 基于 PLUS 模型的重庆市南川区土地利用多情景模拟[J]. 长江科学院院报，2023，40(6)：86-92+113.
[96] 林素丽，王枫. 基于 PLUS 模型并顾及交通规划的广州市土地利用情景模拟与分析[J]. 农业资源与环境学报，2023，40(3)：557-569.